建筑光色
原理与应用

刘鸣 主编

Architectural Lighting and Color Design

U0381814

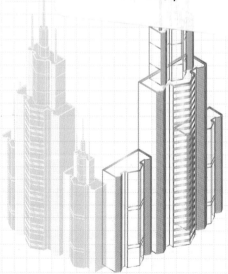

 化学工业出版社

·北京·

本书在理论方面对光与色彩的相关基础知识做了全面的阐述,并将二者充分联系在一起。在实践方面对于光环境设计在实际工作中所遵循的相关规范予以详细介绍。从建筑规划到建筑单体设计再到室内设计,通过案例系统地阐述了光色设计在实践中的具体表现方法,对建筑学专业、环境艺术设计专业等相关专业人员具有一定的参考价值。

图书在版编目(CIP)数据

建筑光色原理与应用/刘鸣主编. —北京:化学工业出版社,2019.10
ISBN 978-7-122-34985-9

Ⅰ.①建… Ⅱ.①刘… Ⅲ.①建筑光学②建筑色彩 Ⅳ.①TU113②TU115

中国版本图书馆CIP数据核字(2019)第165561号

责任编辑:王 斌 孙晓梅　　　　　　　　　　装帧设计:王晓宇
责任校对:刘 颖

出版发行:化学工业出版社(北京市东城区青年湖南街13号　邮政编码100011)
印　　装:天津图文方嘉印刷有限公司
710mm×1000mm　1/16　印张15　字数284千字　2020年1月北京第1版第1次印刷

购书咨询:010-64518888　　　　　　　　售后服务:010-64518899
网　　址:http://www.cip.com.cn
凡购买本书,如有缺损质量问题,本社销售中心负责调换。

定　　价:98.00元　　　　　　　　　　　　　　　版权所有　违者必究

编写人员名单

刘　鸣　唐　建　张宝刚

于　辉　刘九菊　范熙晅

张九红　江　威　王雪松

刘郁川　刘　玥　庄金迅

郭晓炜　任静薇　杨鑫鑫

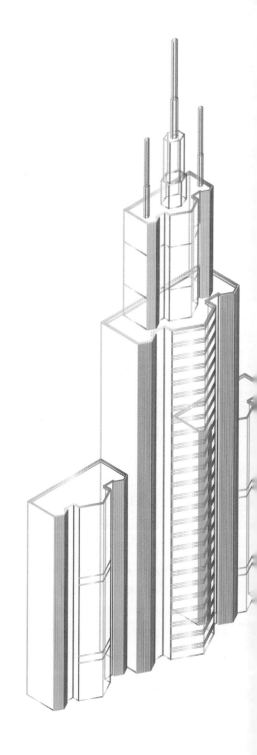

前言

光色设计的本质是艺术与科技的融合与感知。光与色相伴相生，有了光，才有了五彩斑斓的色彩，才有了缤纷的世界。为了让读者系统了解建筑、环境和城市的光、色知识，我们编写了本书，主要从建筑与城市光色应用的视角，诠释人工照明、天然采光以及光、色的设计与规划，并将理论知识与应用方法相融合。

本书主要从光、色基础知识与设计知识相结合的角度，在对建筑室内、室外，城市光环境规划，城市色彩规划等进行分析讨论的基础上，建立了较为全面的理论研究框架。对于使用者来讲，城市与建筑的光与色是丰富多彩的；对于专业的设计人员来讲，光与色是复杂的，不仅需要有艺术的创作，也应该有着对科技的认识和应用，只有两者之间的融合与平衡，才能使设计成果更加完美与实用。

本书内容包括7个章节，第1章光的认知，介绍天然光和人工光的基本特征；第2章色彩的认知，主要介绍色彩的要素、色彩的定量评价方法、光色和物体色的区别等基本知识；第3章光·视觉·色彩·空间，讲述了光与视觉、光与色彩、光与空间之间的关联性；第4章光环境评价标准，对如何适时适度地进行光环境照明给予了良好的指导性指标和标准；第5章天然光环境设计，主要介绍了天然光环境的设计方法；第6章人工光环境设计，主要结合前面的基础内容，讲述了合理地进行室内外人工光环境设计的流程和方法；第7章城市色彩规划，结合前面色彩的基础知识，介绍了城市色彩设计与规划的流程与方法。

本书涉及的专业广泛，包括照明设计、建筑设计、城市规划、景观设计、艺术学等，可作为这些方面的专业人员进行光与色彩设计的参考书籍，也可作为在校的专业学生的学习教材。

最后，感谢大连理工大学教学改革基金项目（JC2017027）对本书的资助。感谢参与本书撰写的工作人员：第1章由大连理工大学刘鸣、郭晓炜、于辉、刘玥负责编写；第2、3章由大连理工大学刘鸣、唐建、刘郁川负责编写；第4章由大连理工大学刘玥、范熙晅、任静薇负责编写；第5章由东北大学张九红、中国水利水电科学研究院江威负责编写；第6章由大连理工大学刘鸣、北京物与智能科技有限公司王雪松负责编写；第7章由大连理工大学刘鸣、杨鑫鑫和辽宁科技大学庄金迅负责编写。

由于编写时间限制，难免有疏漏和不妥之处，敬请专家、读者批评指正。

编著者

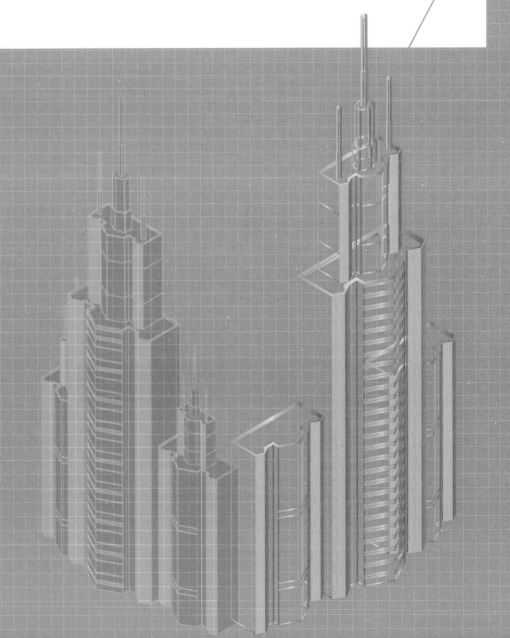

第 1 章
光的认知

1.1 光的基本特征

光是以电磁波形式传播的辐射能。电磁波的波长范围极其宽广，最短的如宇宙线，其波长仅 $1 \times 10^{-15} \sim 1 \times 10^{-14}$m，最长的电磁波，波长可达数千公里。波长范围在 $380 \sim 780$nm（1nm=1×10^{-9}m）的电磁波能使人眼产生光感，这部分电磁波就被称为可见光。波长大于780nm的红外线、无线电波，波长小于380nm的紫外线、X射线都不能引起人眼的视觉反应，人眼是看不见的。而不同波长的可见光，在人眼中又产生不同的颜色感觉，如图1-1所示。各种颜色对应的波长范围并不是截然分开的，而是随波长逐渐变化的。只有单一波长的光，才表现为一种颜色，称为单色光。全部可见光波混合就形成日光（白色光）。

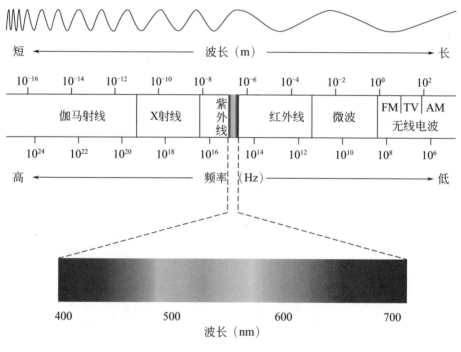

图1-1 可见光谱图

太阳所辐射的电磁波中，波长大于1400nm的被低空大气层中的水蒸气和二氧化碳强烈吸收；波长小于290nm的被高空大气层中的臭氧所吸收。能到达大地表面的电磁波，其波长正好与可见光的波长相符，这说明人眼对光的视觉反应是人类在进化过程中，对地球大气层透光效果的适应性结果。

人眼对于不同波长的感受性是不同的，这不仅表现在颜色感觉的不同上，而且表现在亮度感觉的不同上。即不同波长的可见光尽管辐射的能量一样，但看起来明暗程度有所不同。这说明了人眼对不同波长的可见光有不同的主观感觉量。在白天（或在光线充足的地方），人眼对波长为555nm的黄绿色最敏感。波长偏离555nm越远，人眼对其感光的灵敏度就越低。

1.2　光的度量

1.2.1　光通量

光源在单位时间内发出的光的总量，称为光通量。它表示光源的辐射能量引发人眼产生的视觉强度。

光通量由下式计算给出：

$$\Phi = K_{\mathrm{m}} \int_0^\infty \Phi_{\mathrm{e}\lambda} V(\lambda) \mathrm{d}\lambda \tag{1-1}$$

式中　　Φ——光通量，lm；

$\Phi_{\mathrm{e}\lambda}$——波长为λ的辐射通量，W；

$V(\lambda)$——国际照明委员会规定的标准光谱光视效率函数；

K_{m}——最大光谱光视效能，在明视觉时为683lm/W。

光通量的符号用F或Φ表示，单位流明（一般用符号lm表示）。在国际单位制和我国规定的计量单位中，流明是一个导出单位。1lm是发光强度为1cd的均匀点光源在1sr立体角内发出的光通量，1lm=1cd·1sr。1光瓦等于辐射通量为1W、波长为555nm的黄绿光所产生的光感觉量，即1光瓦=683lm。

视觉对不同波长的电磁波产生的颜色具有不同的灵敏度，其中对黄绿光最敏感，常常会觉得黄绿光最亮，而波长较长的红光和波长较短的紫光则相对暗得多。为便于衡量这种主观感觉，国际上把555nm的黄绿光的感觉量定为1，其余波长的光的感觉量都小于1。照明设计用光通量来衡量光源发出的光能大小，指光源在单位时间内发出的光的总量，光通量类似于每分钟流过的水量。如一只40W的普通白炽灯光通量为350～470lm，一只40W的普通直管荧光灯的光通量可达2800lm。

发光效率是照明工程中常用的概念，单位为流明/瓦（lm/W）。不同的电光源消耗相同的电能，其辐射出的光通量也并不相同，即不同的电光源具有不同光电转换效率。电光源所发出的光通量Φ与其消耗的电功率P的比值称为该电源的发光效率。由定义可知，发光效率公式为：

$$\eta_1 = \Phi/P \qquad (1\text{-}2)$$

式中　η_1——发光效率，lm/W。

1.2.2　发光强度

光源向周围空间辐射的光通量分布不一定均匀，故需引出发光强度的概念。光源在某一方向单位立体角内所发出的光通量叫做光源在该方向的发光强度，或光源在某一方向上光通量的立体角度称为光源在该方向的发光强度，简称光强。如图1-2所示。

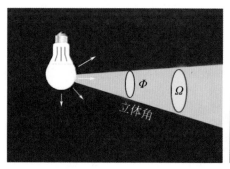

图1-2　光强示意图

立体角的数学公式：

$$\Omega = \frac{\mathrm{d}s}{r^2} \qquad (1\text{-}3)$$

立体角是以圆锥体的顶点为球心，半径为1的球面被锥面所截得的面积来度量的，度量单位为"球面度（sr）"（图1-3）。

点光源在某一方向上单位立体角$\mathrm{d}\Omega$内发出的光通量称为点光源在该方向上的发光强度：

$$I = \frac{\mathrm{d}\Phi}{\mathrm{d}\Omega} \qquad (1\text{-}4)$$

光源辐射均匀时，光强为：

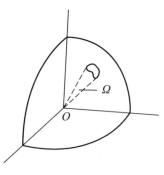

图1-3　立体角

$$I = \frac{\Phi}{\Omega} \qquad (1\text{-}5)$$

对于点光源，光强为：

$$I = \frac{\Phi}{4\pi}$$

点光源的发光强度与其光通量有直接的联系，但其又存在不确定的关系，即当某一电光源的光通量确定的情况下，可以通过外在的干预影响其发光强度，这正是室内照明设计常用的提高光源发光强度的方法。例如，一只40W的白炽灯在正常的情况下其正下方的发光强度为30cd，而在其上方加设一个不透明的强反射遮光罩后，因为遮光罩改变了原本向上的光通量的辐射方向，从而增加了光源下方的光通量密度，致使该电光源正下方的发光强度有很大增加。

1.2.3 照度

1.2.3.1 照度

对于被照面而言，常用落在其单位面积上的光通量多少来衡量它被照射的程度，这就是常用的照度，符号为E，它表示被照面上的光通量密度，表面上一点的照度是入射在包含该点面元上的光通量$\mathrm{d}\Phi$除以该面元面积$\mathrm{d}A$，即

$$E = \frac{\mathrm{d}\Phi}{\mathrm{d}A} \tag{1-6}$$

当光通量均匀分布在被照面A上时，此被照面各点的照度均为

$$E = \frac{\Phi}{A} \tag{1-7}$$

照度的常用单位为勒克斯，符号为lx，它等于1lm（流明）的光通量均匀分布在$1\mathrm{m}^2$的被照面上，如图1-4。

$$1\mathrm{lx} = 1\mathrm{lm/m}^2 \tag{1-8}$$

根据定义可以得知，照度与光通量和受照面积有关。即当光通量确定的情况下，接收该部分光通量的面积越小，该受照面上所产生的照度就越高。而当受照面确定时，想得到更多的照度，则需要更大的光通量。

不同环境下的照度值不同，如图1-5所示。

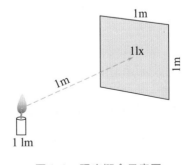

图1-4 照度概念示意图

（a）晴天中午室外地平面上的照度为80000～120000lx

（b）阴天中午室外地平面上的照度为8000～20000lx

（c）在装有40W白炽灯的台灯下看书，桌面照度平均值为200～300lx

（d）月光下的照度＜10lx

图1-5　不同环境下的照度值

1.2.3.2　发光强度和照度的关系

点光源的发光强度I与被照面照度E的关系（图1-6）：

$$E = \frac{I}{r^2}\cos\alpha \qquad （1-9）$$

线光源是点光源的积分叠加，面光源是线光源的积分叠加。

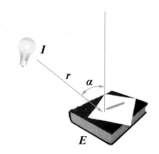

图1-6　发光强度和照度的关系

1.2.4　亮度

光源或受照物体反射的光线进入眼睛，在视网膜上成像，使人们能够识别物体的形状和明暗，视觉上的明暗直觉取决于进入眼睛的光通量在视网膜物像上的密度——物像的照度。这说明，确定物体的明暗要考虑两个因素：物体（光源或受照体）在指定方向上的投影面积，决定物像的大小；物体在该方向上的发光强度，决定物像上的光通量密度。根据这两个条件，可以建立一个新的光度量——亮度。如图1-7所示。

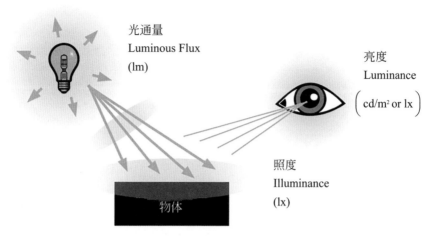

光通量
Luminous Flux
(lm)

亮度
Luminance
$\left(\text{cd/m}^2 \text{ or lx}\right)$

照度
Illuminance
(lx)

物体

图 1-7　亮度、照度、光通量三者间的关系

亮度的物理量符号为 L，单位名称为坎德拉每平方米，符号为 cd/m^2。

$$L_\alpha = \frac{I_\alpha}{A \cdot \cos\alpha} \qquad (1-10)$$

式中　I_α——发光表面朝视线方向的发光强度，cd；

$A \cdot \cos\alpha$——发光表面在视线方向的投影面积，m^2。

例如，荧光灯管的亮度约为 $1000 \sim 6000\text{cd/m}^2$，白炽灯的亮度约为 1500cd/m^2，蜡烛光的亮度约为 0.5cd/m^2。

也可以说，光源的亮度是指光源表面沿法线方向上每单位面积的光强。通常，亮度在各方向上不相同，所以在谈到一点或一个有限表面的亮度时需要指明方向。图 1-8 是室内表面亮度分布的示意图。

4000cd/m²

60cd/m²

40cd/m²

图 1-8　室内表面亮度分布

几种发光体的亮度值参见表1-1。

表1-1 几种发光体的亮度值

发光体	亮度/（cd/m²）	发光体	亮度/（cd/m²）
太阳表面	2.25×10^9	从地球表面观察月亮	2500
从地球表面（子午线）观察	1.60×10^9	充气钨丝白炽灯表面	1.4×10^7
晴天的天空（平均亮度）	8000	40W荧光灯表面	5400
微阴的天空	5600	电视屏幕	$1700 \sim 3500$

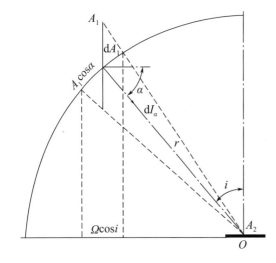

图1-9 立体角投影定律

1.2.5 照度与亮度

照度和亮度的关系如下。

如图1-9，设A_1为各方向亮度都相同的发光面，A_2为被照面，在A_1上取一微元面积dA_1，由于其尺寸和它距离被照面间的距离r相比很小，故可视为点光源。微元发光面积dA_1射向O点的发光强度为dI_α。则其在A_2上的O点形成的照度为：

$$dE = \frac{dI_\alpha}{r^2} \cos i \qquad (1\text{-}11)$$

对微元发光面积dA_1而言，根据亮度和光强的关系式得：

$$dI_\alpha = L_\alpha dA_1 \cos\alpha \qquad (1\text{-}12)$$

由式1-11、式1-12得：

$$dE = L_\alpha \frac{dA_1 \cos\alpha}{r^2} \cos i \qquad (1\text{-}13)$$

又因为$\dfrac{dA_1 \cos\alpha}{r^2}$为微元面$dA_1$对$O$点所张开的立体角$d\Omega$，故有$dE = L_\alpha d\Omega \cos i$

整个发光面在O点形成的照度为：

$$E = \int_{\Omega} L_a \mathrm{d}\Omega \cos i$$

因光源在各方向的亮度相同，则：

$$E = L_a \Omega \cos i$$

这就是立体角投影定律。它表示某一亮度为 L_a 的发光面在被照面上形成的照度值的大小，等于这一发光面的亮度 L_a 与该发光面在被照射点上形成的立体角 Ω 的投影（$\Omega \cos i$）的乘积。

上述四个光度量有不同的应用领域，并且可以互相换算，可用专门的光度仪器进行测量。光通量表征光源辐射能量的大小。光强用来描述光通量在空间的分布密度。照度说明受照物体的照明条件（受光表面光通密度），它的计算和测量都比较简单，在光环境设计中广泛应用这一概念。亮度则表示光源或受照物体表面的明暗差异。

1.3 光的反射与透射

1.3.1 光的反射

辐射由一个表面返回，组成辐射的单色分量的频率没有变化，这种现象叫做反射。反射光的强弱与分布形式取决于材料表面的性质，同光的入射方向也有关。例如，垂直入射到透明玻璃板上的光线约有8%的反射比；加大入射角度，反射比也随之增大，最后会产生全反射。

反射光的分布形式有规则反射与扩散反射两大类。扩散反射又可细分为定向扩散反射、漫反射、混合反射等。

（1）规则反射

规则反射也叫镜面反射，其特征是光线经过反射之后仍按一定的方向传播，立体角没有变化。规则反射的规律为：入射光线与反射光线以及反射表面的法线同处于一个平面内；入射光与反射光分居法线两侧，入射角等于反射角 [图1-10（a）]。

光滑密实的表面，如玻璃镜面和磨光的金属表面形成规则反射。在照明工程中常利用规则反射进行精确的控光，如制造各种曲面的镜面反光罩获得需要的光强分布，提高灯具效率。几乎所有的节能灯具都使用这类材料做的反光罩，其中有阳极氧化或抛光的铝板、不锈钢板、镀铬铁板、镀银或镀铝的玻璃和塑料等。

（2）扩散反射

① 定向扩散反射

定向扩散反射保留了规则反射的某些特性，即在产生规则反射的方向上，反射光最强，但是反射光束被"扩散"到较宽的范围 [图1-10（b）]，经过冲砂、酸洗或锤点处理的毛糙金属表面具有定向扩散反射的特性。

② 漫反射

漫反射的特点是反射光的分布与入射光方向无关。在宏观上没有规则反射，反射光不规则地分布在所有方向上 [图1-10（c）]。无光泽的毛面材料或由微细的晶粒、颜料颗粒构成的表面产生漫反射。可以把这些微粒看作是单个的镜面反射器，但是由于微粒的表面处在不同的方向，所以将光反射到许多角度上。

若反射光的光强分布与入射光的方向无关，而且正好是切于入射光线与反射表面交点的一个圆球，这种漫反射称为均匀漫反射 [图1-10（d）]。其反射光的最大发光强度在垂直于反射表面的法线方向，其余方向的光强同最大光强有以下关系：

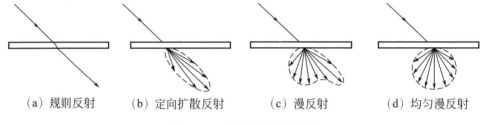

（a）规则反射　　（b）定向扩散反射　　（c）漫反射　　（d）均匀漫反射

图 1-10　反射光的分布形式

$$I_\theta = I_0 \cos\theta \qquad (1\text{-}14)$$

上式称为朗伯余弦定律。符合朗伯余弦定律的材料叫朗伯体。这类材料无论入射光的方向如何，其表面各方向上的亮度都是相等的。氧化镁、硫酸钡、石膏等具有这种特性。建筑工程常用的大部分无光泽饰面材料，如粉刷涂料、乳胶漆、无光塑料墙纸、陶板面砖等都可以近似地看作均匀漫反射材料（图1-11）。

按照朗伯余弦定律可以导出由照度计算均匀漫反射材料表面亮度的简便公式如下：

$$L = \rho E I \pi \qquad (1\text{-}15)$$

由照度计算均匀漫透射材料表面亮度计算公式为：

$$L = \frac{\tau E}{\pi} \qquad (1\text{-}16)$$

式中，L 表示反射光或透射光表面亮度（cd/m^2）；τ 表示材料反射比；ρ 表示材料透射比；E 表示材料表面的照度（lx）。这两个公式常用作环境平均亮度的计算。

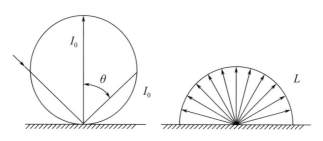

图1-11 均匀漫反射材料的光强与亮度分布

③ 混合反射

多数材料的表面兼有规则反射和漫反射的特征，这称为混合反射。光亮的搪瓷表面呈现漫反射与镜面反射结合的特性。在漫反射表面涂一层薄的透明清漆，当光入射角很小时，近似漫反射；入射角加大，约有5%～15%的入射光为镜面反射；入射角很大时，则完全是镜面反射。

1.3.2 光的透射

光线通过介质，组成光线的单色分量频率不变，这种现象称为透射。玻璃、晶体、某些塑料、纺织品、水等都是透光材料，能透过大部分入射光。材料的透光性能不仅取决于它的分子结构，还同它的厚度有关。非常厚的玻璃或水将是不透明的，而一张极薄的金属膜或许是透光的，至少可以是半透光的。

材料透射光的分布形式也可分为规则透射、定向扩散透射、漫透射和混合透射四种。透明材料属于规则透射，在入射光的背侧，光源与物象清晰可见。磨砂玻璃为典型的定向扩散透射，在背光的一侧仅能看见光源模糊的影像。乳白玻璃具有均匀漫透射的特性，整个透光面亮度均匀，完全看不见背侧的光源和物象。在透明玻璃上均匀地喷一层薄的白漆，其透光性能则近于混合透射。如将白炽灯放在这种玻璃的一侧，由另一侧看去，漫透射形成的表面亮度相当均匀，同时灯丝的象也历历在目。

1.3.3 光的折射

光从一种介质斜射入另一种介质时，传播方向发生改变，从而使光线在不同介质的交界处发生偏折（光在空气中偏折角度最大）。

特性：光的折射与光的反射一样，都是发生在两种介质的交界处，只是反射光返回原介质中，而折射光则进入到另一种介质中。由于光在两种不同的物质里传播速度不同，故在两种介质的交界处传播方向发生变化，这就是光的折射。在折射现象中，光路是可逆的。

如图1-12为光的折射实例。

图1-12　光的折射实例

1.4　天然光环境

人眼只有在良好的光照条件下才能有效地进行视觉工作。现在大多数工作都是在室内进行，故必须在室内创造良好的光环境。

从视觉功效试验来看，人眼在天然光下比在人工光下具有更高的视觉功效，并感到舒适和有益于身心健康，这表明人类在长期进化过程中，眼睛已习惯于天然光。太阳光是一种巨大的安全的清洁光源，室内充分地利用天然光，就可以起到节约资源和保护环境的作用。而我国地处温带，气候温和，天然光很丰富，也为充分利用天然光提供了有利的条件。

充分利用天然光，节约照明用电，对我国实现可持续发展战略具有重要意义，同时具有巨大的经济效益、环境效益和社会效益。

1.4.1　天然光的组成和影响因素

由于地球与太阳相距很远，故可认为太阳光是平行地射到地球上。太阳光穿过大气层时，一部分透过它射到地面，称为太阳直射光，它形成的照度大，并具有一定方向，在被照射物体背后出现明显的阴影；另一部分碰到大气层中的空气分子、灰尘，水蒸气等微粒，产生多次反射，形成天空漫射光，使天空具有一定亮度，它在地向上形成的照度较小，没有一定方向，不能形成阴影。太阳直射光和天空漫射光射到地球表面上后产生反射光，并在地球表面与天空之间产生多次反射，使地球表面和天空的亮度有所增加。在进行采光计算时，除地表面被白雪或白沙覆盖的情况外，一般可不考虑地面反射光影响。因此，全阴天时只有天空漫射光，晴天时室外天然光由太阳直射光和天空漫射光两部分组成。这两部分光的比例随天空中的云量和云是否将太阳遮住而变化：太阳直射光在总照度中的比例由全晴天时的90%到全阴天时的0；天空漫射光则相反，在总照度中所占比例由全晴天的10%到全阴天的100%。随着两种光线所占比例的不同，地面上阴影的明显程度也发生改变、总照度大小也不一样。现在分别按不同天气来看室外光气候变化情况。

（1）晴天

它是指天空无云或很少云（云量为0～3级）。这时地面照度是由太阳直射光和天空漫射光两部分组成。其照度值都是随太阳的升高而增大，只是漫射光在太阳高度角较小时（日出、日落前后）变化快，到太阳高度角较大时变化小。而太阳直射光照度在总照度中所占比例是随太阳高度角的增加而较快变大（图1-13）。阴影也随之而更明显。

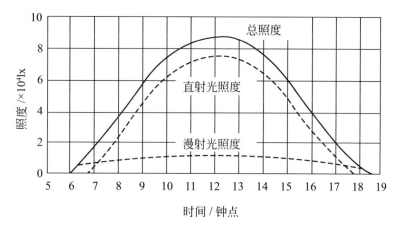

图1-13　晴天室外照度变化情况

（2）阴天

阴天是指天空云很多或全云（云量为8～10级）的情况。全阴天时天空全部为云所遮盖，看不见太阳，因此室外天然光全部为漫射光，物体后面没有阴影。这时地面照度取决于以下几点。

① 太阳高度角。全阴天中午仍然比早晚的照度高。

② 云状。不同的云由于它们的组成成分不同，对光线的影响也不同。低云云层厚，位置靠近地面，它主要由水蒸气组成，故能遮挡和吸收大量光线，如下雨时的云，这时天空亮度降低，地面照度也很小；高云是由冰晶组成，反光能力强，此时天空亮度达到最大，地面照度也高。

③ 地面反射能力。由于光在云层和地面间多次反射，使天空亮度增加，地面上的漫射光照度也显著提高，特别是当地面积雪时，漫射光照度比无雪时提高可达1倍以上。

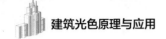

④ 大气透明度。如工业区烟尘对大气的污染，使大气杂质增加，大气透明度降低，于是室外照度大大降低。

以上四个因素都影响室外照度，而它们本身在一天中也是变化的，必然会使室外照度随之变化，只是其幅度没有晴天那样剧烈。

除了晴天和阴天这两种极端状况外，还有多云天。在多云天时，云的数量和在天空中的位置瞬息万变，太阳时隐时现，因此照度值和天空亮度分布都极不稳定。这说明光气候是错综复杂的，需要从长期的观测中找出其规律。目前较多采用CIE标准全阴天空作为设计的依据，这显然不适合晴天多的地区，所以有人提出按所在地区占优势的天空状况或按"CIE标准一般天空"来进行采光设计和计算。

1.4.2　天空亮度分布

为了在采光设计中应用标准化的光气候数据，国际照明委员会（CIE）根据世界各地对天空亮度观测的结果，提出了三种天空亮度分布数学模型，供设计人选择。

（1）均匀天空亮度分布

这是一种假想的、理论上的天空状况。只有在简化的采光设计中，才考虑用这种各方向亮度一致的天空作为设计条件。

（2）CIE标准全阴天空

这种天空在同一高度的不同方向上亮度相等，但是从地平面到天顶的不同高度上有以下的亮度变化规律。

$$L_\theta = L_z \left(\frac{1 + 2\sin\theta}{3} \right) \tag{1-17}$$

式中　　L_θ——离地面角 θ 的天空亮度，$\mathrm{cd/m^2}$；

　　　　L_z——天顶亮度（$\theta = 90°$），$\mathrm{cd/m^2}$；

　　　　θ——高度角，°。

（3）CIE晴天天空

晴天天空的亮度分布相当复杂，与太阳高度和方位两个因素有关。晴天同阴天相反，除去太阳附近的天空最亮以外，通常在地平线附近的天空要比天顶亮，与太阳相距约90°高度角的对称位置上，天空亮度最低。图1-14是典型的晴天天空亮度分布图（符合CIE标准晴天天空亮度分布函数，设 L_z=1）。

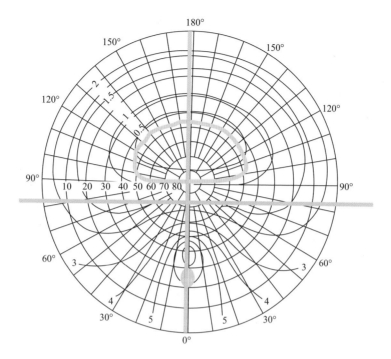

图 1-14 典型的晴天天空亮度分布图（太阳高度角 40°，方位角 0°）

1.4.3 光气候数据资料

（1）太阳常数

地球与大气层外表面接受的太阳辐射照度年平均值，称为太阳常数 E_{eo}。根据最近资料：

$$E_{eo}=1367\text{W/m}^2$$

按照大气层外太阳辐射的光谱能量分布计算，太阳的发光效率为 $K_o=$ 97.91lm/W。所以大气层外太阳照度的年平均值为：

$$E_{xt}=133.8\text{klx}$$

（2）直射日光产生的照度

① 直射日光穿过大气层到达地面所形成的法线方向照度为：

$$E_{dn}=E_{xt}\exp(-\alpha m) \tag{1-18}$$

式中　E_{dn}——直射日光法线照度，lx；

E_{xt}——大气层外太阳照度，年平均值为 133.8klx；

α——大气层消光系数，见表1-2；

m——大气层质量，$m=1/\sin\beta$。

② 地平面的直射日光照度：

$$E_{dH}=E_{dn}\sin\beta \qquad\qquad (1-19)$$

式中　E_{dH}——地平面的直射日光照度，lx。

③ 垂直面上的直射日光照度：

$$E_{dv}=E_{dn}\cos\alpha_i \qquad\qquad (1-20)$$

式中　E_{dv}——垂直面的直射日光照度，lx；

α_i——太阳入射角，它是垂直两法线与太阳射线间的角度。

$$\alpha_i=\arccos(\cos\beta\cos A_z) \qquad\qquad (1-21)$$

式中　A_z——太阳与垂直面法线间的平面方位角，见图1-15。

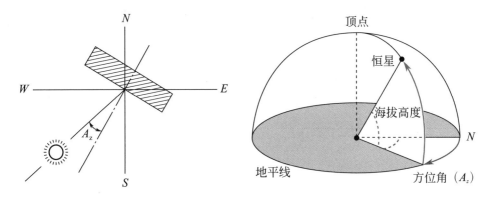

图 1-15　平面方位角

（3）天空漫射光产生的照度

由天空对地面产生的照度可以用下式计算：

$$E_{kh}=A+B(\sin\beta)^C \qquad\qquad (1-22)$$

式中　E_{kh}——天空光在地平面上产生的照度，lx；

A——日出和日落时的照度，klx；

B——太阳高度角照度系数，klx；

C——太阳高度角照度指数。

式1-22中的A、B、C常数值取决于天气是晴天、多云天还是全阴天，可由表1-2选择。

表1-2 计算天空对地面产生的照度用的常数

天空状况	a	A/klx	B/klx	C
晴天	0.21	0.80	15.5	0.5
多云天	0.80	0.30	45.0	1.0
全阴天	*	0.30	21.0	1.0

注：* 无直射日光，E_{dn}=0。

（4）天顶亮度

天顶亮度的绝对值常用实际观测获得的经验公式计算，下面是美国国家标准局根据常年实测天空亮度的初步结果提出的公式。

全阴天空：

$$L_z=0.123+10.6\sin\beta \tag{1-23}$$

晴天天空：

$$L_z=0.5139+0.0011\beta^2 \tag{1-24}$$

式中　　L_z——天顶亮度，kcd/m^2。

1.4.4 采光系数

采光设计标准是评价天然光环境质量的准则，也是进行采光设计的主要依据。我国现行国家标准是《建筑采光设计标准》（GB 50033—2013）。作为采光设计目标的采光系数标准值，是根据视觉工作的难度和室外的有效照度决定的。室外的有效照度也叫临界照度，这是人为设定的一个照度值。当室外照度高于临界照度时，才考虑室内完全用天然光照明，以此规定最低限度的采光系数标准。

室外照度是经常变化的，这必然使室内照度随之而变，不可能是固定值，因此对采光数量的要求，我国和其他许多国家都用相对值。这一相对值称为采光系数（C），它是在全阴天空漫射光照射下，室内给定平面上的某一点由天空漫射光所产生的照度（E_n）与室内某一点于同一时间、同一地点在室外无遮挡水平面上由天空漫射光所产生的照度（E_w）的比值，即

$$C = \frac{E_n}{E_w} \times 100\% \tag{1-25}$$

利用采光系数这一概念，就可根据室内要求的照度换算出需要的室外照度，或由室外照度值求出当时的室内照度，而不受照度变化的影响，以适应天然光多变的特点。

根据《建筑采光设计标准》（GB 50033—2013），各采光等级参考平面上的采光标准值应符合表1-3的规定。

表1-3　各采光等级参考平面上的采光标准值

采光等级	侧面采光		顶部采光	
	采光系数标准值/%	室内天然光照度标准值/lx	采光系数标准值/%	室内天然光照度标准值/lx
I	5	750	5	750
II	4	600	3	450
III	3	450	2	300
IV	2	300	1	150
V	1	150	0.5	75

注：1.工业建筑参考平面取距地面1m，民用建筑取距地面0.75m，公用场所取地面。

2.表中所列采光系数标准值适用于我国III类光气候区，采光系数标准值是按室外设计照度值15000lx制定的。

3.采光标准的上限值不宜高于上一采光等级的级差，采光系数值不宜高于7%。

1.4.5　我国光气候概况

影响室外地面照度的因素主要有：太阳高度、云状、云量、日照率。我国地域辽阔，同一时刻南北方的太阳高度相差很大。从日照率来看，由北、西北往东南方向逐渐降低，而以四川盆地一带为最低。从云量来看，大致是自北向南逐渐增多，新疆南部最少，华北、东北少，长江中下游较多，华南最多，四川盆地特多。从云状来看，南方以低云为主，向北逐渐以高、中云为主。这些特点说明，天然光照度中，南方以天空漫射光照度较大，北方和西北方以太阳直射光为主。

为了获得较长期完整的光气候资料，中国气象科学研究院和中国建筑科学研究院于1983年到1984年期间组织了北京、重庆等气象台站对室外地面照度进行了两年的连续观测。在观测中还对日辐射强度和照度进行了对比观测，并搜集了观测时的各种气象因素，通过这些资料，回归分析出日辐射值与照度的比值——辐射光当量与各种气象因素间的关系。利用这种关系就可算出各地区的辐射光当量值。通过各地区的辐射光当量值与当地多年日辐射观测值换算出该地区的照度资料，用这种方法能够根据全国135个点的照度数据绘制成年平均总照度分布图。

根据全国年平均总照度分布情况，西北广阔高原地区室外年平均总照度值（从日出后半小时到日落前半小时全年日平均值）高达31.46klx，四川盆地及东北北部地区则只有21.18klx，相差达50%。若采用同一标准值是不合理的，故标准根据室外天然光年平均总照度值大小，将全国划分为Ⅰ～Ⅴ类光气候区，再根据光气候特点，按年平均总照度值确定分区系数，即光气候系数K，见表1-4。

表1-4 光气候系数K

光气候区	Ⅰ	Ⅱ	Ⅲ	Ⅳ	Ⅴ
K值	0.85	0.90	1.00	1.10	1.20
室外天然光设计照度值E_s/lx	18000	16500	15000	13500	12000

1.5 人工光环境

人们对天然光的利用，受到时间和地点的限制。建筑物内不仅在夜间必须采用电光源照明，在某些场合，白天也要用电光源照明。建筑设计人员应掌握一定的照明知识，以便能在设计中考虑照明问题，并能进行简单的照明设计。在一些大型公共或工业建筑设计中，能协助电气专业人员按总的设计意图完成照明设计，使建筑功能得到充分发挥，并使室内显得更加美观。

1.5.1 电光源类型

凡可以将其他形式的能量转换成光能，从而提供光通量的设备、器具统称为光源，而其中可以将电能转换为光能，从而提供光通量的设备、器具则称为照明电光源。

照明用灯种类繁多，外观各异。照明用灯由灯具和电光源两部分组成，根据其不同的特性和功能，用于各种不同的室内环境中。电光源是照明灯的核心部分，由于电光源的发光条件不同，其光电特性也各异。对光源的了解将有助于根据环境的特性选择合适的光源，利用它们的特性和长处，充分发挥其优势。

根据光的产生原理，电光源的主要分类如图1-16所示。

1.5.1.1 热辐射发光电光源

任何物体的温度高于绝对温度零度，就向四周空间发射辐射能。当金属加热到500℃时，就发出暗红色的可见光。温度越高，可见光在总辐射中所占比例越大。人们利用这一原理制造的照明光源称为热辐射光源。

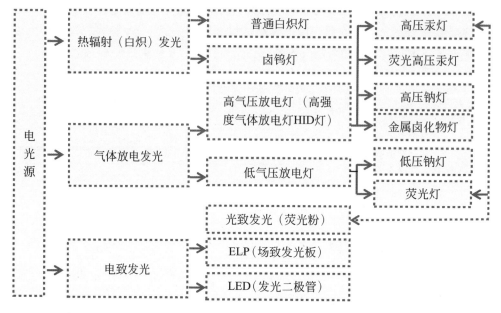

图 1-16　电光源分类示意图

2009年，为加快推进节能减排，国家发改委与联合国开发计划署（UNDP）、全球环境基金（GEF）合作，共同开展"中国逐步淘汰白炽灯、加快推广节能灯"项目，10年内实现禁用（禁售）白炽灯。

① 发光原理：白炽灯的发光是由于电流通过钨丝时，灯丝热至白炽化而发光的。为了提高灯丝温度，防止钨丝氧化燃烧，以便发出更多的可见光，提高其发光效率，增加灯的使用寿命，一般将灯泡内抽成真空（40W以下）或充以氩气等惰性气体（60W以上）。白炽灯的寿命一般在1000h左右。

② 分类：白炽灯根据结构的不同，又可分为普通照明用白炽灯、装饰灯、反射型灯和局部照明灯四类。

图 1-17　白炽灯在室内空间中的应用

图1-17给出了一个白炽灯应用案例。

1.5.1.2　气体放电发光电光源

（1）荧光灯

荧光灯是在发光原理和外形上都有别于白炽灯的气体放电光源，是在室内照明中应用最广泛的光源。

① 发光原理：荧光灯的内壁涂有荧光物质，管内充有稀薄的氩气和少量的汞蒸气。灯管两端各有两个电极，通电后加热灯丝，达到一定温度就发射电子，电子在电场作用下逐渐达到高速，轰击汞原子，使其电离而产生紫外线。紫外线射到管壁上的荧光物质，激发出可见光。根据荧光物质的不同配合比，发出的光谱成分也不同。荧光灯的构造如图1-18所示，其工作原理如图1-19所示。

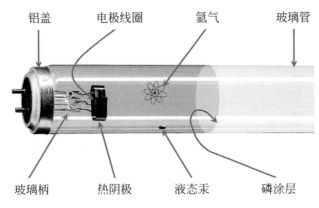

图 1-18　荧光灯的构造

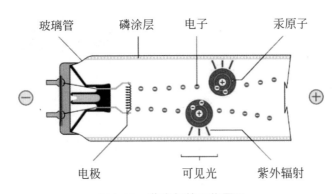

图 1-19　荧光灯的工作原理

② 分类：荧光灯应用广、发展快，所以类型较多，常见的有直管型荧光灯、异型荧光灯和紧凑型荧光灯等。

③ 特点：与白炽灯相比较，具有发光效率高、发光表面亮度低、光色好且品种多、显色性好、寿命较长（国产普通荧光灯的寿命约为3000 ～ 5000h）、灯管表面温度低等明显的优点，所以，在大部分的室内照明工程中取代了白炽灯。荧光灯也有明显的不足，例如点燃迟、造价高、有霎光效应、功率因数低、受环境温度的影响大等。

为了使光线更集中往下投射，可采用反射型荧光灯，即在玻璃管内壁上半部先涂上一层反光层，然后再涂荧光物质。它本身就是直射型灯具，光通利用率高，灯管上部积尘对光通的影响小。

④ 应用场所：月光色的荧光灯（色温6500K）多用于办公室、会议室、设计室、阅览室、展览展示空间等，给人明亮、自然的感觉；冷白色的荧光灯（色温4300K）多用于商店、医院、候车亭等室内空间，给人愉快、安详的感觉；暖白色的荧光灯（色温2900K）多用于家居空间、医院、宿舍、餐厅等室内空间，给人以健康、温暖的感觉。

（2）金属卤化物灯

① 发光原理：金属卤化物灯的灯泡构造，是由一个透明的玻璃外壳和一根耐高温的石英玻璃放电内管组成。壳管之间充氩气或惰性气体，内管充惰性气体。放电管内除汞外，还含有一种或多种金属卤化物（碘化钠、碘化铟、碘化铊等）。卤化物在灯泡的正常工作状态下，被电子激发，发出与天然光谱相近的可见光。常见的金属卤化物灯如图1-20所示。

图1-20　常见的金属卤化物灯

② 特点

a.金属卤化物灯尺寸小，功率大（250 ～ 2000W），发光效率高，但寿命较短。

b.有较长时间的启动过程，从启动到光电参数基本稳定需要4 ～ 8min，而完全达到稳定需15min。

c.在关闭或熄灭后，须等待10min左右才能再次启动，这是由于灯工作时温度很高，放电管压力很高，启动电压升高，只有待灯冷却到一定程度后才能再启动。采用特殊的高频引燃设备可以使灯能够迅速再启动，但灯的接入电路却因此而变得复杂。

d.光色很好，接近天然光，常用于电视转播照明、摄影照明、绘画照明，也常用于体育场、体育馆、高大厂房、较繁华的街道、广场及要求高照度、显色性好的室内空间，如美术馆、展览馆、饭店等。

（3）钠灯

钠灯是利用钠蒸气放电的气体放电灯的总称。该光源不刺眼，光线柔和，发光效率高。主要有低压钠灯、高压钠灯两大类。

① 低压钠灯

a.特点：低压钠灯的光色呈现橙黄色。低压钠灯的光视效能极高，一般光视效能可达75lm/W，先进水平可达100 ～ 150lm/W。一个90W的低压钠灯光通量为12500m，相当于4个40W的日光灯，或一个750W的白炽灯，或一个250W的高压汞灯的效果。具体如图1-21和图1-22所示。

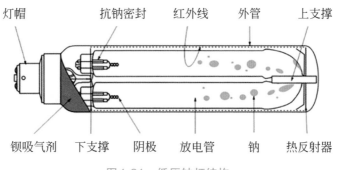

图 1-21　低压钠灯结构

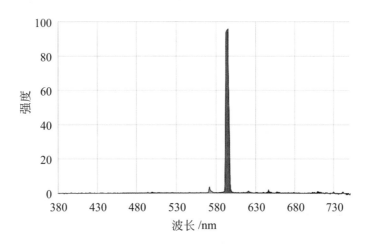

图 1-22　低压钠灯的光谱能量分布

低压钠灯的启动电压高，目前大多数灯利用开路电压较高的漏磁变压器直接启动。从启动到稳定需要8 ～ 10min，即可达到光通量最大值。低压钠灯一般应水平安装，这样钠分布均匀，光视效能高，对有贮钠小窝的钠灯，可允许在偏离水平位置±20°以内点燃。

b.应用场所：由于低压钠灯具有耗电少、光视效能高、穿透云雾能力强等优点，常用于铁路、公路、隧道、广场照明。

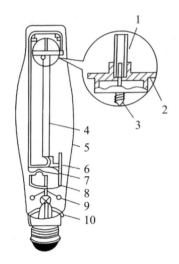

图 1-23　高压钠灯结构

1—金属排气管；2—铌帽；

3—电极；4—陶瓷放电器；5—硬玻璃

外壳；6—管脚；7—双金属片；

8—金属支架；9—钡消气剂；10—焊锡

② 高压钠灯

发光原理：低压钠灯在低的蒸气压力之下，出现单一的黄光。为进一步增加灯的谱线宽度，改善灯的光色，必须提高钠的蒸气压力，这样就发展成为高压钠灯。目前用的高压钠灯内充以少量的汞，主要为黄色、红色光谱。色温为2300K，显色指数为30，光视效能为 110 ～ 120lm/W。如图1-23 ～图1-25所示。

图 1-24　高压钠灯

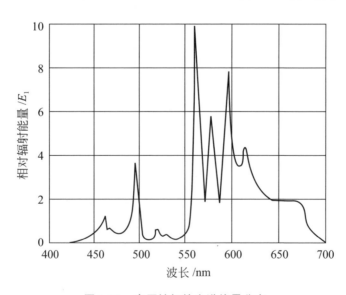

图 1-25　高压钠灯的光谱能量分布

高压钠灯的启动要借助触发器。当灯接入电源后，电流经双金属片和加热线圈，使双金属片受热后由闭合转为断开，在镇流器L两端产生脉冲高压，使灯点燃。灯点亮后，放电所产生的热量使双金属片保持在断开状态。高压钠灯由点亮到稳定工作约需4～8min，它的镇流器也可用相同规格的荧光高压汞灯的镇流器来代替。当电源切断、灯熄灭后，无法立即点燃，需经过10～20min，待双金属片冷却并回到闭合状态时，才能再启动。

（4）氙灯

① 发光原理：氙灯是利用高压氙气产生放电现象制成的高效率电光源，如图1-26所示。

图1-26 氙灯

② 分类：氙灯按性能可分为直管形氙灯、水冷式氙灯、管形汞氙灯、管形氙灯四种。按工作气压可分为脉冲氙灯（工作气压低于100kPa）、长弧氙灯（工作气压约为100kPa）和短弧氙灯（工作气压为500～3000kPa）三类。

③ 特点

a.光色很好，接近日光，显色性好。

b.启动时间短，氙灯点燃瞬间就有80%的光输出。

c.发光效率一般达22～50lm/W，被称做"人造小太阳"。

d.寿命可达1000h以上。

e.氙灯的功率大、体积小，是目前世界上功率最大的光源，可以制成几千、几万甚至几十万瓦，一支220V、20000W的氙灯，体积相当于一支40W的日光灯那么大，而它的总光通量是40W日光灯的200倍以上。

f.不用镇流器，灯管可直接接在电网上，其功率因数近似等于1，使用方便，节省电工材料。

g.氙灯紫外线辐射比较大，在使用时不要用眼睛直接注视灯管，用作一般照明时，要装设滤光玻璃，以防止紫外线对人们视力的伤害。

h.氙灯的悬挂高度视功率大小而定，一般为达到均匀和大面积照明的目的，选用3000W灯管时不低于12m，选用10000W灯管时不低于20m，选用20000W灯管时，不低于25m。

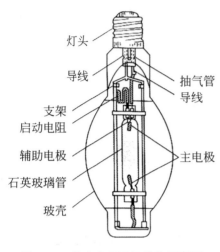

灯头

导线

抽气管
导线

支架
启动电阻

辅助电极

主电极

石英玻璃管

玻壳

图1-27　荧光高压汞灯结构示意图

（5）荧光高压汞灯

① 发光原理：荧光高压汞灯是利用汞放电时产生的高气压来获得高发光效率的一种光源，它的光谱能量分布和发光效率主要由汞蒸气来决定。汞蒸气压力低时，放射短波紫外线强，可见光较弱，当气压增高时，可见光变强，光效率也随之提高。其结构示意图如图1-27所示。

② 分类：按照汞蒸气压力的不同，汞灯可以分为三种，第一种是低压汞灯，汞蒸气压力不超过0.0001MPa大气压，发光效率很低；第二种是高压汞灯，汞蒸气压力为0.1MPa，气压越高，发光效率也越高，发光效率可达到50～60lm/W；第三种是超高压汞灯，汞蒸气压力达到10～20MPa或以上。按照结构的不同，高压汞灯可以分为外镇流和自镇流两种形式。

1.5.1.3　电致发光电光源

发光二极管（LED，即Light Emitting Diode）是一种能够将电能转化为可见光的半导体，采用电场发光。

（1）发光原理

LED的基本结构是将一块电致发光的半导体材料，置于一个有引线的架子上，用环氧树脂将四周密封起来，起到保护内部芯线的作用。LED的核心部分是由P型半导体和N型半导体组成的晶片，在P型半导体和N型半导体之间有一个过渡层，称为PN结。在某些半导体材料的PN结中，注入的少数载流子与多数载流子复合时会把多余的能量以光的形式释放出来，从而把电能直接转换为光能。LED便是利用这种注入式电致发光原理制成的。当LED处于正向工作状态时，电流从其阳极流向阴极，半导体晶体便会发出从紫外到红外不同颜色的光线。

（2）分类

LED光源可利用红、绿、蓝三基色原理，在计算机技术控制下使三种颜色具有256级灰度，并任意混合，即可产生256×256×256=16777216种颜色，形成不同光色的组合，变化多端，实现丰富多彩的动态变化效果及各种图像。

LED的分类方法很多，种类非常繁杂（图1-28）。

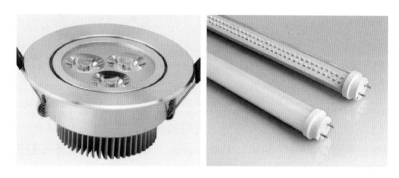

图1-28 常见的LED

（3）特点

LED具有以下工作特性。

① 寿命长。LED的使用寿命可以长达$1×10^5$h，传统的光源在这方面无法与之相比。

② 响应时间短。气体放电光源从启动至光辐射稳定输出，需要几十秒至几十分钟的时间，热辐射光源启动后电压有约零点几秒的上升时间，而LED的响应时间只有几十纳秒。因此在一些需要快速响应或高速运动的场合，应用LED作为光源是很合适的。

③ 结构牢固。LED是用环氧树脂封装的半导体发光的固体光源，其结构中不包含玻璃、灯丝等易损部件，是一种实心的全固体结构，因此能够经受得住震动、冲击而不致引起损坏。

④ 功耗低。LED的能耗较小，是一种节能光源。目前白光LED的光效可达60lm/W，超过了普通白炽灯的水平，而且其技术现在发展很快。

⑤ 颜色丰富。LED通过调整材料的能带结构和禁带宽度，实现红、黄、绿、蓝、多色发光。红光管工作电压较小，颜色不同的红、橙、黄、绿、蓝的LED的工作电压依次升高。

（4）应用场所

随着LED技术的提高，其形式和安装方式已经与传统光源没有区别，而因其具有良好的性能，基本可以与其他光源相媲美，在室内照明设计中有广阔的适用空间，例如工厂、商场、展厅、宾馆、酒店、夜总会、舞厅、医院、学校、家居等绝大部分室内空间，尤其适合用于重点照明和装饰照明。

1.5.2　灯具的光特性

灯具是能透光、分配和改变光源光分布的器具，包括除光源外所有用于固定和保护光源所需的全部零部件，以及与电源连接所必需的线路附件，因此可以认为灯具是光源、灯罩及其附件的总称。灯具可分为装饰灯具和功能灯具两大类。装饰灯具一般采用装饰部件围绕光源组合而成。它造型美观，并以美化光环境为主，同时也适当照顾效率等要求。功能灯具是指满足高效率、低眩光的要求而采用一系列控光设计的灯罩。这时灯罩的作用是重新分配光源的光通量，把光投射到需要的地方，以提高光的利用率；避免眩光，以保护视力；保护光源。在特殊的环境里（潮湿、腐蚀、易爆、易燃）的特殊灯具，其灯罩还起隔离保护作用。当然，功能灯具也有一定的装饰效果。

（1）配光曲线

任何光源和灯具处于工作状态，就会向四周空间投射光通量。我们把灯具各方向的发光强度在三维空间里用矢量表示出来，把矢量的终端连接起来，则构成一封闭的光强体。当光强体被通过z轴线的平面截割时，在平面上获得一封闭的交线。此交线以极坐标的形式绘制在平面图上，这就是灯具的配光曲线。光强分布就是用曲线或表格表示光源或灯具在空间各方向的发光强度值，通常把某一平面上的光强分布曲线称为配光曲线（图1-29）。

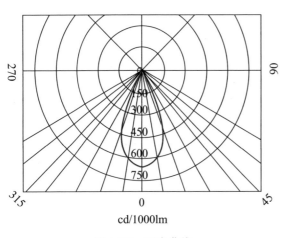

图1-29　配光曲线

配光曲线上的每一点，表示灯具在该方向上的发光强度。因此，知道灯具对计算点的投光角α，就可查到相应的发光强度，利用照度公式就可求出点光源在计算点上形成的照度。

为了使用方便，配光曲线通常按光源发出的光通量为1000lm来绘制。故实际光源发出的光通量不足1000lm时，对查出的发光强度，应乘以一个修正系数，即实际光源发出的光通量与1000lm之比值。对于非对称配光的灯具，则用一组曲线来表示不同剖面的配光情况。荧光灯具常用两根曲线分别给出平行于灯管（"∥"符号）和垂直于灯管（"⊥"符号）剖面的光强分布。

（2）遮光角

光源下端和灯具下端的连线和水平线的夹角，称为遮光角（保护角），如图1-30所示，它可以有效地控制眩光。如果灯具与眼睛的连线和水平面的夹角小于保护角，则眼睛看不到高亮度的光源。若该夹角大于保护角，虽可看见光源，但因夹角较大，眩光程度大大降低。一般灯具的保护角要求在15°～30°之间。

（3）灯光效率

任何材料制成的灯罩，对于投射在其表面的光通量都要吸收一部分，光源本身也要吸收少量的反射光（灯罩内表面的反射光），余下的才是灯具向周围空间投射的光通量。在相同的使用条件下，灯具发出的总光通量Φ与灯具内所有光源发出的总光通量Φ_q之比，称为灯具效率η，也称为灯具光输出比，即：

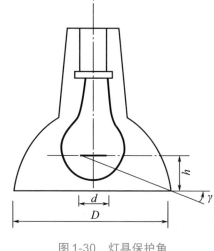

图1-30　灯具保护角

$$\eta = \frac{\Phi}{\Phi_q}$$

（1-26）

显然，η是小于1的。它取决于灯罩开口的大小和灯罩材料的光反射比、光透射比。灯具效率值一般用实验方法测出，列于灯具说明书中。

1.5.3　灯具的种类

照明灯具是集艺术形式、物理性能及使用功能等多种性能于一身的产物，所以在进行分类时，不可能仅以一种分类形式来概括它自身所具备的全部特点。通常根据灯具安装位置和方式的不同来进行分类，可以分为悬挂式灯具、壁挂式灯具、嵌入式灯具及轨道式灯具等。从灯具的配光特点来进行分类，可分为直接型照明灯具、间接型照明灯具等。从不同的角度进行分类能更充分说明照明灯具的形式及特性，这对我们认识照明灯具，进而设计符合空间性格的照明装置有很大的帮助。

1.5.3.1　根据灯具的安装方式进行分类

（1）可移动式或便携式

这类灯具主要包括台灯和落地灯，其装饰效果高过其照明性能。当桌面或者房间的某一部分亮度不够时，台灯和地灯可做补充照明。同时，台灯、地灯还可以作为一种气氛照明，起到为整个空间活跃气氛、丰富层次的作用。

（2）悬挂式

悬挂式灯具是具有广普性的照明器，可产生直接上射光或下射光、漫射光或是组合式发散光线，它可以给地面、墙面及顶棚提供较均匀的照明，常用于室内空间中的一般照明。同时，吊灯还是具有很高装饰性的照明器，它的造型和艺术形式在某种意义上决定了整个空间环境的艺术风格、装修档次。此外，吊灯还能起到控制室内空间的高度、改善室内空间尺度的作用。比如在很高的空间环境中，合理的吊灯尺度及悬挂高度，可以使过高的空间变得比例适中，增加亲切感，如图1-31所示。

图1-31　装饰吊灯

（3）表面式

表面式灯具一般安装在顶表面上，不需要顶后的空间深度，它们在视觉上是凸出来的。漫射型的吸顶灯和下射型灯具都属于此类灯具。

吸顶灯在使用功能及特性上基本与吊灯相同，只是形式上有所区别。吸顶灯也同样有广普照明性，可做一般照明使用，并且具有较好的装饰效果。与吊灯不同的是，在使用空间上有所区别，吊灯多用于较高的空间环境中，而吸顶灯则多用于较低的空间中。

（4）壁装式

壁灯是集功能性和装饰性于一体的照明器，在一些无法安装其他照明灯具的环境中（例如楼梯间等），常考虑用壁灯来进行功能性照明。同时，壁灯自身造型所产生的装饰作用也不容忽视，而它与其他照明灯具配合使用，可以丰富室内光环境，增强空间层次感，改善明暗对比。需要明确的是，壁灯的主要特点是更多地倾向于装饰性而不是被设计用来满足光的分布（图1-32）。

（5）嵌入式灯具

嵌入式灯具包括格栅灯、筒灯、嵌入式射灯等。此类灯具安装后的可见部分最少，尤其是使用小的点光源时。它们需要一定的顶棚深度，一旦安装就难以移动。

嵌入式灯具的使用目的在于保持建筑装饰的整体统一，不会因为灯具的设置而破坏吊顶艺术设计的完美统一。嵌入式灯具多用于为了创造宽阔开敞的视觉效果，不宜过多设置凸出的灯具的空间中，如大型办公室、商场等，其主要作用是提供较高的照明水平，或局部进行补充照明，以使整个空间达到理想的照度，如图1-33、图1-34所示。

图1-32 富有装饰效果的壁灯

图1-33 办公室顶棚嵌入式格栅灯

图1-34 大型候机大厅中的筒灯

（6）导轨式灯具

导轨式灯具由导轨和灯具组成。导轨安装是可调节的，灯具沿导轨移动，灯具本身也可改变投射的角度，属于一种局部照明的灯具。主要特点是可以通过集中投光以增强某些需要特别强调的物体的亮度，适用于要求照明变化的空间，如商店、美术馆、博物馆等展陈空间。导轨本身可以是嵌入式、吸顶安装或悬挂的，如图1-35所示。

图1-35 用于墙面重点照明的导轨式灯具

（7）家具集成式

作业照明和环境照明灯具可以被不显眼地集成到家具系统内，如图1-36所示。

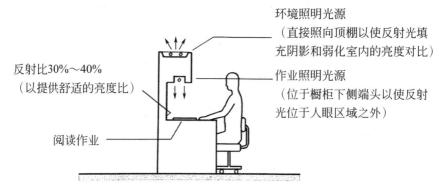

图1-36 灯具被安装在家具内成为一种环境照明的方式

（8）灯杆式

杆状灯具常用于剧院或室外，可以是装饰性的，但比较典型的是功能性灯具。灯具高一般是严格规定的，因为它决定了灯具间距和光分布范围。

1.5.3.2 根据配光形式进行分类

表1-5的配光曲线示意图中的光束分布图式表示直接照到顶棚和地板上的光输出比例。国际照明委员会CIE根据这些比例将灯具分为五类：直接型灯具、间接型灯具、半直接型灯具、半间接型灯具和漫射型灯具。

表1-5 灯具按配光形式分类

类型		直接型	半直接型	漫射型	半间接型	间接型
光通量分布特性/%	上半球	0～10	10～40	40～60	60～90	90～100
	下半球	90～100	60～90	40～60	10～40	0～10
特点		光线集中，工作面上可获得充分照度，容易形成对比眩光	光线能集中在工作面上，空间也能得到适当照度，比直接型眩光小	空间各个方向发光强度基本一致，无眩光	增加了反射光线的作用，使光线比较均匀、柔和	扩散性好，光线柔和、均匀，避免了眩光，但光的利用率低
配光曲线示意图						

（1）直接型灯具

光线通过照明灯具射出，其中有90%～100%的发射光通量直接到达假定的工作面上。这种灯具效率很高，一般可达到80%以上，可以使灯具光通量的绝大部分得到利用，通常由反光性能良好的不透明材料制成，如搪瓷、铝和镀银镜面等。使用单一的直接型照明灯具，会营造出明暗对比强烈的光环境，在这种环境下，人的注意力会得到有效的集中和提振。因此直接型照明灯具常应用于办公及展示空间。但是过于强烈的明暗对比，易形成对比眩光，使人产生疲劳感，因此应适当增加其他灯具进行辅助照明，以减弱对比。

（2）间接型灯具

这类灯具中，10%以下的发射光通量直接到达假定的工作面上，其余90%～100%先射向上方，然后通过反射间接地作用于工作面上，所以室内顶棚和上半部的墙壁比较亮，可以用在顶高度低的房间内，以营造高顶棚的感觉，防止出现阴暗的顶棚，并且能很大程度地减弱阴影和消除眩光，使室内光线均匀柔和，如图1-37所示。

间接型灯具是利用反射光线的方式来进行照明，光源光通量在反射过程被部分消耗，所以灯具效率较低，通常情况下，它多与其他类型的照明灯具结合

图1-37 间接型灯具

使用。

（3）半直接型灯具

这类灯具60%～90%的发射光通量向下并直接到达假定的工作面上，剩余的发射光通量是向上的，通过反射作用于工作面。

为了便于光线射向非工作面，半直接型照明灯具通常选用半透明的材料来制作。但如果制作材料为不透光材料，则需要在灯具造型上加以设计（如灯罩上部开口等），使光线射向非工作面。半直接型照明灯具的优点在于，工作面和非工作面获得的照度次第有序，使其明暗对比得到有效缓解，从而使总体光环境更加柔和。

图1-38　半间接型灯具

（4）半间接型灯具

这类灯具中，10%～40%的发射光通量直接到达假定的工作面上，剩余的发射光通量60%～90%是向上照射的，顶棚作为主要受照面，光线经反射间接地作用于工作面。采用这类灯具照明的室内光线柔和、均匀、眩光小，但室内的照度往往不高，如图1-38所示。

半间接型照明灯具的主导照明方向是指向非工作面的，通过反射来对工作面进行照明。它与间接型照明灯具效果接近，只是工作面上能够得到更多的照明，并且没有强烈的明暗对比。

（5）漫射型灯具

这类灯具向上、下空间发射出的光通量大致相等，分别占了灯具总光通量的40%～60%。工作面上的照度来自灯具向下的直射光，向上的光通量则可照亮顶棚，使室内获得一定的反射光。这可使整个室内有良好的亮度分布，并避免眩光的形成。但是光的损失较多、灯具效率较低。典型的乳白玻璃球形灯就属于漫射型灯具。

1.5.3.3　灯具的选择

灯具的选择对提高光环境质量有着非常重要的意义，在设计中，除了要考虑到各种灯具的具体特性外，还要把视觉工作特点、节能、环境、经济等诸多因素考虑进去。

①光源选择。选择光源时，充分考虑光源的种类和功率与灯具是否相适应。

② 灯具的配光。根据不同空间的功能及用途选择有合适配光特性的灯具，使整体照明方式满足功能需要。

③ 灯具与环境的协调配合。选择灯具时，应充分考虑灯具外形与环境风格的协调统一，此外还应考虑灯具的使用环境条件（如温度、湿度、尘埃、腐蚀、安全等因素），保证其较高的照明效率及安全耐用。

④ 灯具的经济性。选择灯具应充分考虑灯具的初始成本及使用成本。

⑤ 艺术效果。因为灯具还具有装饰空间和美化环境的作用，所以应注意在可能的条件下的美观，强调照明的艺术效果。

1.5.4 选择照明方式

照明方式一般分为：一般照明、分区一般照明、局部照明、混合照明。其特点如下。

（1）一般照明

它是在工作场所内不考虑特殊的局部需要，为照亮整个场所而设置的均匀照明，见图1-39（a），灯具均匀分布在被照场所上空，在工作面上形成均匀的照度。这种照明方式，适合于对光的投射方向没有特殊要求，在工作面上没有特别需要提高可见度的工作点，以及工作点很密或不确定的场所。当房间高度大，照度要求又高时，单独采用一般照明，就会造成灯具过多，功率很大，导致投资和使用费都高，这是很不经济的。

（2）分区一般照明

对某一特定区域，如进行工作的地点，设计成不同的照度来照亮该区域的一般照明。例如在开敞式办公室中有办公区、休息区等，它们要求不同的一般照明的照度，就常采用这种照明方式，见图1-39（b）。

（3）局部照明

在工作点附近，专门为照亮工作点而设置的照明装置，见图1-39（c），即为特定视觉工作用的、为照亮某个局部（通常限定在很小范围，如工作台面）的特殊需要而设置的照明。局部照明常设置在要求照度高或对光线方向性有特殊要求处。但在一个工作场所内不应只采用局部照明，因为这样会造成工作点与周围环境间极大的亮度对比，不利于视觉工作。

（4）混合照明

混合照明就是由一般照明与局部照明组成的照明。它是在同一工作场所，既设有一般照明，解决整个工作面的均匀照明；又有局部照明，以满足工作点的高照度和光方向的要求，见图1-39（d）。在高照度时，这种照明方式是较经济的，也是目前工业建筑和照度要求较高的民用建筑（如图书馆）中大量采用的照明方式。

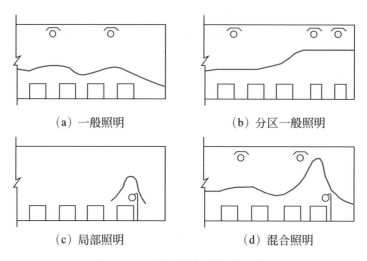

图 1-39　不同照明方式与照度分布

第2章
色彩的认知

2.1 色彩的基本特征

2.1.1 色彩的组成

在明视觉条件下，色觉正常的人除了可以感觉出红色、橙色、黄色、绿色、蓝色和紫色外，还可以在两个相邻颜色的过渡区域内看到各种中间色，如黄红、绿黄、蓝绿、紫蓝和红紫等。从颜色的显现方式看，颜色有光源色和物体色的区别。

光源就是能发光的物理辐射体，如灯、太阳和天空等。通常一个光源发出的光包含有很多单色光，如果单色光对应的辐射能量不相同，那么就会引起不同的颜色感觉，所谓色感觉就是眼睛接受色刺激后产生的视觉。辐射能量分布集中于短光波部分的色光会引起蓝色的视觉；辐射能量分布集中于长光波部分的色光会引起红色的视觉；白光则是由于光辐射能量分布均匀而形成的。由上可知，光源色就是由光源发出的色刺激。

物体色就是被感知为物体所具有的颜色。它是由光被物体反射或透射后形成的。因此，物体色不仅与光源的光谱能量分布有关，而且还与物体的光谱反射比或光谱透射比分布有关。例如一张红色纸，用白光照射时，反射红色光，相对吸收白光中的其他色光，故这一张纸仍呈现红色；若仅用绿光去照射该红色纸时，它将呈现出黑色，因为光源辐射中没有红光成分。通常把漫反射光的表面或由此表面发射的光所呈现的知觉色称为表面色。一般来说，物体的有色表面是比较多的反射某一波长的光，这个反射得最多的波长通常称为该物体的颜色。物体表面的颜色主要是从入射光中减去一些波长的光而产生的，所以人眼感觉到的表面色主要决定于物体的光谱反射比分布和光源的发射光谱分布。

2.1.2 色彩的分类和属性

颜色分为无彩色和有彩色两大类。无彩色在知觉意义上是指无色调的知觉色，它是由白到黑的一系列中性灰色组成的。它的一端是光反射比为1的理想的完全反射体——纯白，另一端是光反射比为0的理想的无反射体——纯黑。在实际生活中，并没有纯白和纯黑的物体，光反射比最高的氧化镁等只是接近纯白，约为0.98；光反射比最低的黑丝绒等只是接近纯黑，约为0.02。

当物体表面的光反射比都在0.8以上时，该物体为白色；当物体表面的光反射比均在0.04以下时，该物体为黑色。对于光源色来说，无彩色的白黑变化相应于白光的亮度变化。当光的亮度非常高时，就认为是白色的；当光的亮度很低时，认为是灰色的；无光时为黑色。

彩色在感知意义上是指所感知的颜色具有色调，它是由除无彩色以外的各种颜色组成的。根据色的心理概念，任何一种有彩色的表观颜色，均可以按照三种独立的属性分别加以描述，这就是色调（色相）、明度、彩度。

色调相似于红、黄、绿、蓝、紫的一种或两种知觉色成分有关的表面视觉属性，也就是各彩色彼此相互区分的视感觉的特性。色调用红、黄、绿、蓝、紫等说明每一种色的范围。在裸眼观察时，人们对于380～780nm范围内的光辐射可引起不同的颜色感觉。不同颜色感觉的波长范围和中心波长见表2-1。

表2-1 不同颜色感觉的波长范围和中心波长

光色	波长范围/nm	中心波长/nm
红	780～622	660
橙	622～597	610
黄	597～577	580
绿	577～492	540
青	492～470	480
蓝	470～455	460
紫	455～380	430

光源的色调取决于辐射的光谱组成对人产生的视感觉。各种单色光在白色背景上呈现的颜色，就是光源色的色调。物体的色调取决于光源的光谱组成和物体反射（透射）的各波长光辐射比例对人产生的视感觉。在日光下，如一个物体表面反射480～550nm波段的光辐射，而相对吸收其他波段的光辐射，那么该物体表面为绿色，这就是物体色的色调。

2.1.3 色彩混合

色度学是研究人的颜色视觉规律和颜色测量的理论与技术的科学。色度学中的颜色视觉实验表明，任何颜色的光均能以不超过三种纯光谱波长的光来正确模拟。实验还证实，通过红、绿、蓝三种颜色可以获得最多的混合色。因此，在色度学中将红（700nm）、绿（546.1nm）、蓝（435.8nm）三色称为加色法的三原色。

颜色可以相互混合。颜色混合分为光源色的颜色光的相加混合（加色法）和染料、涂料的物体色的颜色光的减法混合（减色法）。

颜色光的相加混合具有下述规律。

每一种颜色都有一个相应的补色。某一颜色与其补色以适当比例混合得出白色或灰色，通常把这两种颜色称为互补色，如红色和青色，绿色和品红色，蓝色和黄色都是互补色。

任何两个非互补色相混合可以得出两色中间的混合色。如400nm紫色和700nm红色相混合，产生的紫红色系列是光谱轨迹上没有的颜色。中间色的色调决定于两种颜色的比例大小，并偏向比例大的颜色，中间色的彩度决定于两者在红、橙、黄、绿、蓝、紫色等这种色调顺序上的远近，两者相距越近彩度越大，反之则彩度越小。

表现颜色相同的色光，不管它们的光谱组成是否一样，颜色相加混合中具有相同的效果。如果颜色A=颜色B，颜色C=颜色D，那么只要在颜色光不耀眼的很大范围内有：

颜色A+颜色C=颜色B+颜色D

上式称为颜色混合的加法定律，常称为格拉斯曼定律（代替律），这是2°视场色度学的基础。

格拉斯曼定律还包括，混合色的总亮度等于组成混合色的各颜色光亮度的总和。颜色的相加混合应用于不同光色的光源的混光照明和舞台照明等方面。

染料和彩色涂料的颜色混合以及不同颜色滤光片的组合，与上述颜色的相加混合规律不同，它们均属于颜色的减法混合。

在颜色的减法混合中，为了获得较多的混合色，应控制红、绿、蓝三色。为此，采用红、绿、蓝三色的补色，即青色、品红色、黄色三个减法原色。青色吸收光谱中的红色部分，反射或透射其他波长的光辐射，称为"减红"原色，是控制红色用的，如图2-1（a）所示；品红色吸收光谱中的绿色部分，是控制绿色的，称为"减绿"原色，如图2-1（b）所示；黄色吸收光谱中的蓝色部分，是控制蓝色的，称为"减蓝"原色，如图2-1（c）所示。

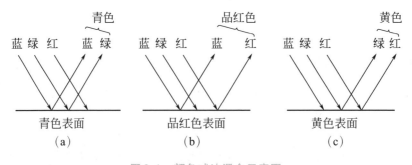

图2-1　颜色减法混合示意图

当两个滤光片重叠或两种颜料混合时，相减混合得到的颜色总要比原有的颜色暗一些。如将黄色滤光片与青色滤光片重叠时，由黄色滤光片"减蓝"和青色滤光片"减红"共同作用后，即两者相减只透过绿色光；又如品红色和黄色颜料混合，因品红色"减绿"和黄色"减蓝"而呈红色；如果将品红、青、黄三种减法原色按适当比例混在一起，则可使有彩色全被减掉，而呈现黑色。

我们要掌握颜色混合的规律。一定要注意颜色加法混合（图2-2a）与颜色减法混合（图2-2b）的区别，切忌将减法原色的品红色误称为红色，将青色误称为蓝色，以为红色、黄色、蓝色是减法混合中的三原色，造成与加法混合中的三原色红色、绿色、蓝色混淆不清。

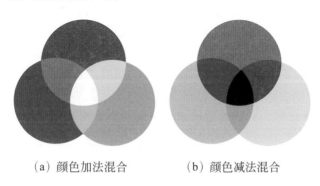

　　（a）颜色加法混合　　　　　（b）颜色减法混合

图2-2　颜色混合规律

2.2　色彩的三要素

色彩的三要素是指色彩的明度、纯度（彩度、饱和度）、色相（色调），我们所看到的色彩则是这三个属性的综合。

2.2.1　色相

即色彩的相貌和名称，故色相也称为色名。每一个不同的色彩均具有不同的色相或色名，如红、绿、黄、深蓝、翠绿等。当我们提起这些色名时，很自然地就联想起该色彩的相貌。色相是彩色系最主要的基本特征。

太阳光中包含着极其丰富的色相，所以，我们才能感觉到自然界中如此千差万别的色彩。色彩学家认为，世界上有多少种物体，就有多少种色相，而且这些色相各有差异。现在，科学家们已经发现了32000余种不同的色相，运用在印染

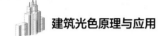

技术中的色相就有2000多种。我们人的眼睛能辨别的色彩是有限的，而且因人而异。一些研究者表示，人能感觉200～800万种不同的色彩。不过，如此多的色相不一定都具有色彩的名称。

2.2.2 明度

明度是色彩明暗深浅的程度。从物理学的角度来看待明度，则是物体表面反射同一波长的光量不同，使颜色的深浅（明暗）有了差别。这就使我们看到了色彩的深浅明暗层次，即我们指的明度。物体由于反射光和吸收光的能力不一样，呈现不同明度。如果各种波长的光全被物体吸收，物体的明度降为零，呈黑色；如果各种波长的光全被物体反射，物体的明度最高，呈白色；若反射与吸收相等，则呈灰色。

另外，各种不同的色彩，都有其自身的明度，如黄色明度高，橙色次之，紫色明度低等。明度改变，纯度也跟着改变。如蓝色加黑，蓝色的明度降低了，蓝色的纯度也降低了。又如绿色加白，绿色的明度提高了，但是绿色的纯度却降低了。

2.2.3 纯度

颜色的纯度，指色彩纯净、鲜艳、饱和的程度。色彩的纯度以颜色中所含有色成分的比例来表示，含有色成分的比例越大，色彩的纯度越高，含有色成分的比例越小，纯度越低。另外，光谱色是纯度最高的颜色，为极限纯度。我们平时所使用的各种颜料，其纯度大大低于光谱色。无论什么颜料，加入其他色越多，纯度越低。如加入中性灰色，也会降低色相纯度。在绘画中，大都是用两个或两个以上不同色相的颜料调和的复色。

根据色环的色彩排列，相邻色相混合，纯度基本不变（如红黄相混合所得的橙色）。对比色相混合，最易降低纯度，以致成为灰暗色彩。色彩的纯度变化，可以产生丰富的、强弱不同的色相，而且使色彩产生韵味与美感。

而且，在人们的视觉中所感受的色彩区域，基本上是非高纯度的色彩，大量都含有不同程度的灰色成分。不过，也正因为如此，色彩纯度的变化，才使色彩显得格外丰富。

我们在自然界中见到的各种有色物体，其纯度与物体的表面结构相关。若物体表面粗糙，其漫反射作用使色彩的纯度降低；若物体表面光洁，那么其全反射作用使色彩鲜艳。物体颜色的纯度变化还与空气中的尘度、表层材质，光源色的强弱有关。

2.3 色彩的定量

从视觉的观点来描述自然界景物的颜色时，可用白、灰、黑、红、橙、黄、绿、蓝、紫等颜色名称来表示。但是，即使颜色辨别能力正常的人对颜色的判断也不完全相同，有人认为完全相同的两种颜色，如换一个人判断，就可能会认为有些不同。

随着科学技术的进步，颜色在工程技术方面得到广泛应用，为了精确地规定颜色，就必须建立定量的表色系统。所谓表色系统，就是使用规定的符号，按一系列规定和定义表示颜色的系统，亦称为色度系统。表色系统有两大类：一是用以光的等色实验结果为依据的、由进入人眼能引起有彩色或无彩色感觉的可见辐射表示的体系，即以色刺激表示的体系，国际照明委员会（CIE）1931标准色度系统就是这种体系的代表；二是建立在对表面颜色直接评价的基础上，用构成相等感觉指标的颜色图册表示的体系，如孟塞尔表色系统等。

2.3.1 CIE标准色度系统

CIE（Commission Internationale de L'Eclairage，国际照明委员会）前身是1900年成立的国际光度委员会（International Photometric Commission，IPC），1913年改为现名。总部设在奥地利维也纳。1931年发表《XYZ体系的色彩比表示法》，作为国际测色标准，属于混色系的光学表示方法。

国际照明委员会（CIE）规定，红、绿、蓝三原色的波长分别为700nm、546.1nm、435.8nm，自然界中各种原色都能由这三种原色按一定比例混合而成。在色光加色法中，红、绿、蓝三原色光按等比例混合的结果即为白光：$(R)+(G)+(B)=(W)$。

在以上定义的基础上，人们定义这样的一组公式：

$$r=R/(R+G+B)$$
$$g=G/(R+G+B)$$
$$b=B/(R+G+B)$$

由于$r+g+b=1$，所以只用给出r和g的值，就能唯一地确定一种颜色。这样就可将光谱中的所有颜色表示在一个二维的平面内。由此便建立了1931CIE-RGB表色系统。但是，在上面的表示方法中，r和g值会出现负数。由于实际上不存在负的光强，因此，1931年在RGB系统的基础上，用数学方法，选用三个理想的原色来代替实际的三原色，从而将CIE-RGB系统中的光谱三原色$\bar{r}$、$\bar{g}$、$\bar{b}$和色度坐

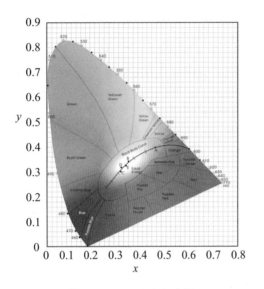

图2-3 1931CIE色度图

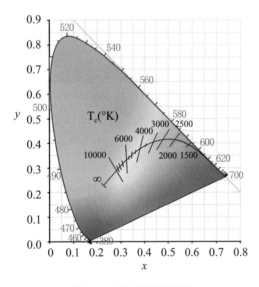

图2-4 CIE色度图彩图

标r、g、b均变为正值。

在图2-3所示的1931CIE色度图中，x色度坐标相当于红原色的比例，y色度坐标相当于绿原色的比例，沿着x轴正方向红色越来越纯，绿色则沿y轴正方向变得更纯，最纯的蓝色位于靠近坐标原点的位置。中心的白光点E的饱和度最低，光源轨迹线上饱和度最高。如果将光谱轨迹上表示不同色光波长点与色度圈中心的白光点E相连，则可以将色度图划分为各种不同的颜色区域，任一点的位置代表了一种色彩的颜色特征，如图2-4所示。因此，只要计算出某颜色的色度坐标x、y，就可以在色度中明确地定出它的颜色特征。再加上亮度因数$Y=100\rho$（ρ=物体表面的亮度/入射光源的亮度$=Y/Y_0$），则该颜色的外貌便完全地确定下来了。

CIE标准色系是一种心理物理的标色体系，按照CIE标准色度体系进行颜色测量时，首先测量光线的光谱分布（物理量），其次以光谱的三基色刺激值（心理量）为媒质，表示出颜色测量值。CIE表色法是一种高度机械化的测色方法，但由于仪器价格昂贵等原因，目前尚不能普遍应用。

2.3.2 孟塞尔体系——包含色坐标图

孟塞尔（Albert H. Munsell，1858～1918）是美国色彩学家，于1915年发表了《孟塞尔色彩体系图》，他采用十进位计数法描述色彩。美国光学学会

（OSA）对他所提出的表色体系进行多年反复测定并几度修订，并于1943年发表了"修正孟塞尔色彩体系"文件，使该体系成为国际上通用的标准色系。

（1）孟塞尔色立体

孟塞尔色立体（图2-5）是根据颜色的视知觉特点所制定的颜色分类和标准系统，它用一个类似球体的三维空间模型把各种表面色的三种基本属性——色相、明度和纯度全部表示出来。立体模型中的每一部位各代表一个特定颜色，并有一定的标号。

① 孟塞尔色相表示。孟塞尔色彩体系以红（R）、黄（Y）、绿（G）、蓝（B）、紫（P）五种颜色为基础，这五个基本色相的相邻两色相混形成10个主要色相：红（R）、红黄（RY）、黄（Y）、黄绿（YG）、绿（G）、蓝绿（BG）、蓝（B），蓝紫（BP）、紫（P）、红紫（RP）。这10个色相每个再细分为10个色相。每个色相用数字表示，共100个刻度，这就是孟塞尔色相环（图2-6）。基本色相排列在第5号上。所有第5号颜色都是具有代表性的纯正颜色。

② 孟塞尔明度表示。色立体中心轴表示明度，由下至上按黑—灰—白的顺序用0～10共11个等级来表示。白色明度值为10，黑色明度值为0。这个垂直

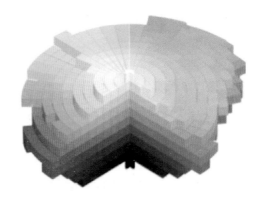

图2-5　孟塞尔色立体

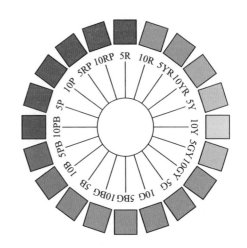

图2-6　孟塞尔色相环

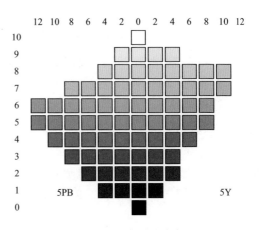

图2-7　孟塞尔纯度变化图

的明度标尺又称"无彩度轴"或"N轴"。

③ 孟塞尔纯度表示。色立体由中心轴向外横向水平线为纯度轴，离N轴越远，纯度越高。色立体最外层的色是纯色，由外层向中心轴逐渐变化至纯度为0。如图2-7所示，就是孟塞尔色颜体系由中心轴往外纯度变化图。

（2）孟塞尔表色方式

HV/C（H：色相；V：明度；C：纯度），如孟塞尔10个主要色相分别为红——5R4/14；黄红——5YR6/12；黄——5Y8/12；黄绿——5YG7/10；绿——5G5/8；蓝绿——5BG4/6；蓝——5B4/8；蓝紫——5BP3/12；紫——5P4/12；红紫——5RP4/12。孟塞尔标色体系在建筑中是最为适用的标色体系，色感上容易被建筑设计人员所理解和接受。

（3）色相环上色彩的特性

① 同类色。以某一颜色为基准，与此色相隔15°以内的颜色为同类色，同类色差别很小，常给人单纯、统一、稳定的感受。可以通过明暗层次体现画面的立体感，使其呈现出更加分明的画面效果。可点缀少量对比色，使画面具有亮点。

② 无彩色。黑色，能够传递出简洁有力的视觉印象；白色，呈现明快感和扩张感，能给人视觉上的舒适感；灰色，是彻底的中性色，是一种可靠、灵活的无彩色，具有安全感和亲近感。

③ 互补色。以某一颜色为基准，与此色相隔180°的任一颜色互补，互补色的色相对比最为强烈，画面相较于对比色更丰富，更具有感官刺激性，见图2-8（a）。

④ 邻近色。以某一颜色为基准，与此色相隔60°～90°的颜色为邻近色，邻近色对比属于色相的中对比，可保持画面的统一感，又能使画面显得丰富、活泼。可增加明度和纯度对比，丰富画面效果。这种色调上的主次感能增强配色的吸引力，见图2-8（b）。

⑤ 对比色。以某一颜色为基准，与此色相间隔120°～150°的任一颜色为对比色，对比色相搭配是色相的强对比，其效果鲜明、饱满，容易给人带来兴奋、激动的快感。作品中常以高纯度的对比色配色来表现随意、跳跃、强烈的主题，以起到吸引人们目光的作用，见图2-8（c）。

⑥ 类似色。以某一颜色为基准，与此色相间隔30°的颜色为类似色，类似色比同类色搭配效果更加明显、丰富，可保持画面的统一与协调感，呈现柔和质感，由于搭配效果相对较平淡和单调，可通过色彩明度和纯度的对比，达到强化色彩的目的，见图2-8（d）。

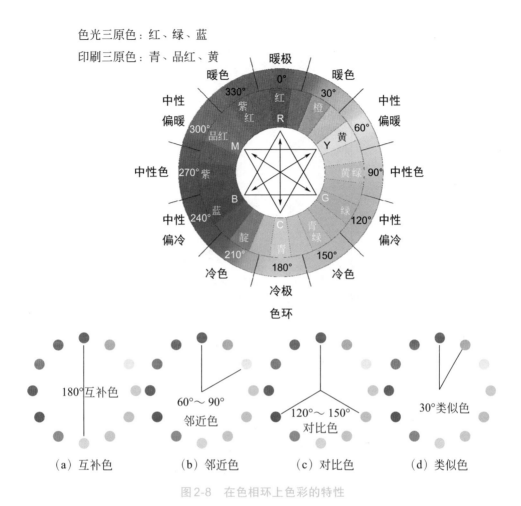

色光三原色：红、绿、蓝
印刷三原色：青、品红、黄

图2-8 在色相环上色彩的特性

2.4 色差

在CIE1931色度图上，每一个点都代表某一确定的颜色，这个颜色的位置是由一定数量的红、绿、蓝三原色的相加混合确定的。每一种颜色在色品图上虽然是一个点，但对于视觉来说，当这种颜色的坐标位置变化很小，人眼仍认为它是原来的颜色，而感觉不出它的变化。现在把人眼感觉不出颜色变化的范围称为颜色的宽容量。

由于色品图上光谱轨迹的波长不是等距的，所以美国的麦克亚当在CIE色度图上不同位置选择了25个颜色点，并以实验点为中心，测定5～9个对侧方向上的颜色匹配范围，并用各方向上颜色匹配的标准差定出颜色的宽容量，宽容量在不同方向上的大小不一致，连成一个近似椭圆，代表了此颜色的宽容度，以实验结果的标准差的10倍绘制了麦克亚当颜色椭圆形宽容量范围，见图2-9。

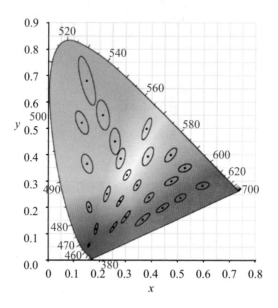

图2-9　麦克亚当颜色椭圆形宽容量范围

从图2-9上可以看出，在CIE1931色度图的不同位置上，颜色的宽容量是不一样的。例如蓝色部分宽容量最小，绿色部分最大，也就是说，在CIE1931色品图上的蓝色部分，人眼能看出更多数量的各种蓝色，而在绿色部分的同样空间内，人眼只能看出较少数量的各种绿色。

由上可知，CIE1931色度图在视觉上是不均匀的，不能正确反映颜色的视觉效果。为了克服在视觉效果上不是等差的缺点，我国国标GB 5698-85中推荐了CIE1976L*a*b*色空间和CIE1976L*u*v*色空间，它们都是均匀色空间，即不但是表示颜色的三维空间——色空间，而且是以相同距离表示相同知觉色差的色空间——均匀色空间。在这两个色空间中可以较为正确地评价两种颜色的差异，使色差计算值更适合于当前常规的观察条件。色差$\triangle E$就是以定量表示的色知觉差异，它表示色空间中两个颜色点之间的距离，并可用相应的色差公式算得。

当色差$\triangle E$=1时，称为1个NBS（美国国家标准局National Bureau of Standards）色差单位。1个NBS色差单位约相当于在最优实验条件下人眼所能知觉的恰可察觉差的5倍。涂料和纺织品的允许色差应控制在几个NBS色差单位内；彩色电视是典型的颜色复显，其平均色差宜控制在10个NBS色差单位内，才能达到满意的视觉效果。

2.5 色温

　　所谓色温，是用与光源具有相同色度的完全辐射体（黑体）的绝对温度来表示光源颜色的温度，单位为K（开尔文）。黑体是一种物体或材料，可以完全吸收撞击它的所有电磁能量。它也是一个完美的白炽灯，在给定波长下比相同温度的任何其他光源发出更多的功率。

　　黑体被加热时会辐射能量。随着温度升高，辐射能量增加，发出的可见光的峰值波长从红色（长波长和低能量）转变为蓝色（短波长和高能量）。当该信息显示在图表上时，它被称为光谱功率分布曲线（SPD）。SPD是光源在每个光波长下的辐射功率的图。图2-10中显示了几种温度下黑体的SPD。（黑体是理论对象，而不是真实对象）

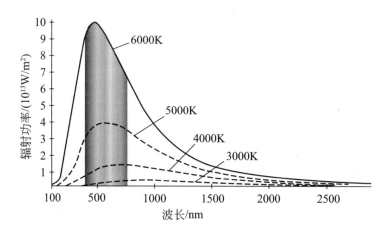

图2-10　不同温度下黑体的SPD

　　此外，光的色温和理想的照度有一定的关系，在低照度时，使用低色温的暖光，在高照度时，使用高色温的冷光，这是比较理想的搭配。但是，在明暗适应和色适应时，有时也得不到预期的效果。因此，在进行实际的照明设计时，色温和照度的关系只能作为一种参考。

　　由于不同温度的黑体辐射对应着一定的光色，所以人们就用黑体加热到不同温度时所发出的不同光色来表示光源的颜色。通常把某一种光源的色品与某一温度下的黑体的色品完全相同时黑体的温度称为光源的色温，并用符号T_c表示，单位是绝对温度（K）。例如，某一光源的颜色与黑体加热到绝对温度3000K时发出的光色完全相同，那么该光源的色温就是3000K，它在CIE1931色度图上的色品坐标为x=0.473，y=0.404，这一点正好落在黑体轨迹上。CIE标准照明体A是代表1968年国际实用温标而规定的绝对温度为2856K的完全辐射体，它的色品坐标为x=0.4476，y=0.4074，正好落在CIE1931色度图黑体轨迹上（图2-11）。

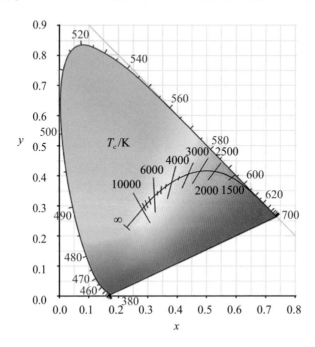

图2-11　CIE1931色度图

白炽灯等热辐射光源的光谱功率分布与黑体辐射分布近似，而且它们的色品坐标点也正好落在黑体轨迹上，因此，色温的概念能恰当地描述白炽灯等光源的光色。气体放电光源，如荧光灯、高压钠灯等，这一类光源的光谱功率分布与黑体辐射相差很大，它们的色品坐标点常常落在黑体轨迹附近。因此严格地说，不应当用色温来表示这类光源的光色，但是往往用与某一温度下的黑体辐射的光色来近似地确定这类光源的颜色。通常把某种光源的色品与某一温度下的黑体的色品最接近时的黑体温度称为相关色温，以符号T_{cp}表示。在图2-12中，绘出了确定相关色温用的等温线和黑体轨迹。凡某光源的色品坐标点位于黑体轨迹附近，都可以自该色品坐标点起，沿着与最接近的等温线相平行的方向作一直线，此直线与黑体轨迹相交点指示的温度就是该光源的相关色温。CIE标准照明体D_{65}是代表相关色温约为6504K的平均昼光，它的色品坐标为x=0.3127，y=0.3290，该坐标点落在黑体轨迹的上方。CIE标准照明体D_{65}是根据大量自然昼光的光谱分布实测值经统计处理而得，考虑到它是由代表着任意色温的昼光的光谱分布，故把它称为CIE平均昼光或称为CIE合成昼光，它相当于中午的日光。

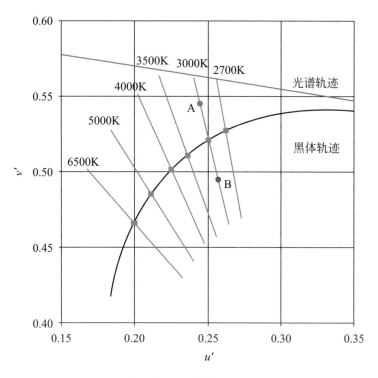

图 2-12　相关色温用的等温线和黑体轨迹

2.6　显色性

　　物体色在不同照明条件下的颜色感觉有可能会发生变化，这种变化可用光源的显色性来评价。光源的显色性就是照明光源对物体色表的影响（该影响是由于观察者有意识或无意识地将它与标准光源下的色表相比较而产生的），它表示了与参考标准光源相比较时，光源显现物体颜色的特性。CIE 及我国制定的光源显色性评价方法中，都规定把 CIE 标准照明体 A 作为相关色温低于 5000K 的低色温光源的参照标准，它与早晨或傍晚时日光的色温相近；当相关色温高于 5000K 的光源用 CIE 标准照明体 D_{65} 作为参照标准，它相当于中午的日光。在光源显色性评价方法中，还给出了这两种 CIE 标准照明体的光谱功率分布。

　　光源的显色性主要取决于光源的光谱功率分布。日光和白炽灯都是连续光谱，所以它们的显色性均较好。据研究表明，除了连续光谱的光源有较好的显色性外，由几个特定波长的色光组成的光源辐射也会有很好的显色效果。如波长为 450nm（浅紫蓝光）、540nm（绿偏黄光）、610nm（浅红橙光）的辐射对提高光源的显色性具有特殊效果。如用这三种波长的辐射以适当比例混合后，所产生的白光（高度不连续光谱）也具有良好的显色性。但是波长为500nm（绿光）和580nm（橙偏黄光）的辐射对显色性有不利影响。

光源的显色性采用显色指数来度量，并用一般显色指数（符号R_a）和特殊显色指数（符号R）表示。在被测光源和标准光源照明下，在适当考虑色适应状态下，物体的心理物理色符合程度的度量称为显色指数；而与CIE色试样的心理物理色的符合程度的度量称为特殊显色指数；光源对特定的8个一组的色试样的CIE1974特殊显色指数的平均值则称为一般显色指数。由CIE规定这8种颜色样品如表2-2中所示的第1～8号。它们是从孟塞尔颜色图册中选出来的明度为6，并具有中等彩度的颜色样品。如要确定一般显色指数，可根据光源和CIE标准照明体的光谱功率分布以及CIE第1～8号颜色样品的光谱辐射亮度因数，采用色差公式（一般指的是CIE1964W*U*V*表色系统中的色差计算公式）分别计算这8种颜色样品的色差$\triangle E_i$，然后按式2-1计算每一种颜色样品的显色指数。

表2-2 CIE颜色样品

号数	孟塞尔标号	日光下的颜色	号数	孟塞尔标号	日光下的颜色
1	7.5R6/4	淡灰红色	9	4.5R4/13	饱和红色
2	5Y6/4	暗灰黄色	10	5Y8/110	饱和黄色
3	5GY6/8	饱和黄绿色	11	4.5G5/8	饱和绿色
4	2.5GG/6	中等黄绿色	12	3PB3/11	饱和蓝色
5	10BG6/4	淡蓝绿色	13	5YR8/4	淡黄粉色（欧美妇女的面部肤色）
6	5PB6/8	淡蓝色			
7	2.5P6/8	浅紫蓝色	14	5GY4/4	树叶绿色
8	10P6/8	淡紫红色	15	1YR6/4	中国女性肤色

$$R_i=100-4.6\triangle E_i \tag{2-1}$$

式中，系数4.6是用来改变标度的，为的是使暖白色荧光灯的一般显色指数R_a为50。

一般显色指数就是第1～8号CIE颜色样品显色指数的算术平均值，即

$$R_a = \frac{1}{8}\sum_{i=1}^{8} R_i \tag{2-2}$$

显色指数的最大值定为100。一般认为光源的一般显色指数在80～100范围内时，显色性优良；在50～79范围内时，显色性一般；如小于50则显色性较差。

常用的电光源只用一般显色指数R_a作为评价光源的显色性的指标就够了。如需要考察光源对特定颜色的显色性时，应采用表2-2中第9～15号颜色样品中的

一种或数种计算相应的色差 $\triangle E$，然后按式2-1就可以求得特殊显色指数 R_i。表2-2中第13号颜色样品是欧美妇女的面部肤色，第14号是树叶绿色，第15号是CIE追加的中国女性肤色，这3种颜色是最经常出现的颜色，人眼对肤色尤为敏感，稍有失真便能察觉出来，而使人物的形象受到歪曲。因此，这3种颜色样品的特殊显色指数在光源显色性评价中占有重要地位。

因为一般显色指数是一个平均值，所以即使一般显色指数相等，也不能说这两个被测光源有完全相同的显色性。这是因为光源的显色指数是基于色空间上对被测光源下和标准照明体下颜色样品色差矢量长度的比较，即基于颜色样品的色位移量的比较，所以应承认色位移的方向也是重要的，但是在上述的一般显色指数和特殊显色指数中均不包括色位移方向度量。因此，即使两个具有相同特殊显色指数的光源，如果颜色样品的色位移方向不同，那么在这两个光源下，该颜色样品在视觉上也不会相同。当要求精确辨别颜色时，应注意到不同的光源可能具有相同的一般显色指数和特殊显色指数，但是不一定可以相互替代。

视觉系统对视野的色适应还会影响到显色性的评价，而且对色适应变化还没有完整的预测理论，所以显色性的评价，变得更为复杂。在CIE（1986）的室内照明指南和日本照明学会（1992）的办公室照明标准中，推荐了与建筑空间用途和作业内容相对应的 R_a。

CIE标准《室内工作场所照明》S008/E—2001中将光源的显色性 R_a 分为90、80、60、40和20五个等级。表2-3中列举了光源的显色性分类与其所适用的使用场所。在进行照明设计时，应以这些标准为基础，根据作业功能来选择光源的显色性。

表2-3 光源的显色性分类以及用途

显色指数 R_a 范围	色表	应用示例	
		优先采用	容许采用
$R_a \geqslant 90$	暖	颜色匹配	
	中间	医疗诊断、画廊	
	冷		
$90 > R_a \geqslant 80$	暖	住宅、旅馆、餐厅	
	中间	商店、办公、学校、医院、印刷、油漆和纺织工业	
	冷	视觉费力的工业生产	
$80 > R_a \geqslant 60$	暖/中间/冷	工业生产	办公室、学校
$60 > R_a \geqslant 40$		粗加工工业	工业生产
$40 > R_a \geqslant 20$			粗加工工业、显色性要求低的工业生产、库房

2.7 物体色

　　特定的光照条件，是决定物体色彩的首要因素。因此，我们在装饰设计时，首先要弄清眼前造型物象处在一种什么样的光照条件下，是直射光还是反射光，光线的明亮程度如何？光源偏向何种色光成分等。这对于正确确定室内装饰色调是非常重要的。例如：处于阳光直射下的物体，会出现明亮而强烈的色调。处于室内反射光之下的同样物体，则色调比较柔和。假如在月光下观察这个物体，色调就会又暗又灰又冷。打开电灯看，它又呈现出温暖而清晰的调子。因此可以说，光源赋予物体的特殊色彩成分，对造型色调有决定性的影响（图2-13）。

图2-13　不同色彩光源下的室内环境

　　色彩是光作用于人的视觉神经所引起的一种感觉。物体的颜色只有在光线的照射下才能为人们所识别。光线照射到物体上，可以分解为三部分：一部分被吸收，一部分被反射，还有一部分可以透射到物体的另一侧。不同的物体有不同的质地，光线照射后分解的情况也不同，正因为这样，才显示出千变万化的色彩。

　　现代色彩科学以太阳作为标准发光体，并以此为基础解释光色等现象。太阳发出的白光由红、橙、黄、绿、青、蓝、紫七种颜色所组成，这七种颜色作为标准色。

　　太阳发出的白光照射到物体上，被反射的光色就成了物体的颜色。白色与黑色等各种颜色都是相对的，在自然界中并无纯白与纯黑的物体，也即并无完全反射或完全吸收所有光色的物体，物体对光色的反射和吸收是相对的，它们除大部分反射或吸收某种光色外，又往往少量反射或吸收其他光色。正因如此，世界万物才能丰富多彩，以至达到令人眼花缭乱的程度。

　　物体的颜色要依靠光线来显示，但光色与物色并不相等。光色的原色为红、绿、蓝，混合之后近于白色；物色的原色为品红、黄、青，混合之后近于黑色。

第3章
光·视觉·色彩·空间

3.1 光与视觉

3.1.1 视觉与眼睛

光是一种能直接引起视感觉的光谱辐射，其波长范围为380～780nm，波长大于780nm的红外线、无线电波等，以及波长小于380nm的紫外线、X射线等，人眼均是感觉不到的。由上可知，光是客观存在的一种能量，而且与人的主观感觉有密切的联系。因此光的度量必须和人的主观感觉结合起来。为了搞好照明设计，应该对人眼的视觉特性、光的度量、材料的光学性能等有必要的了解。

（1）视觉体验的过程

人类的视觉体验是眼睛和大脑结合产生的结果。人的眼睛从感受光开始产生视觉，如同照相机的成像原理，眼睛会随着周围环境亮度的变化通过瞳孔和虹膜上的开口自动调节来放大或者缩小，从而控制进光量，进而将外部环境清晰地映射到视网膜上。汇集在视网膜上的影像通过视神经传递到大脑，通过大脑的分析解码，最终成为人眼中所看到的图像，这就是人视觉体验的一个过程（图3-1）。

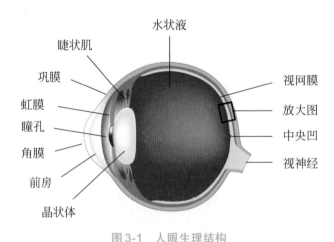

图3-1　人眼生理结构

（2）眼睛的主要组成部分和其功能

① 瞳孔。虹膜中央的圆形孔，它可根据环境的明暗程度，自动调节其孔径，以控制进入眼球的光能数量，起照相机中光圈的作用。

② 晶状体。为一扁球形的弹性透明体，它受睫状肌收缩或放松的影响，使其

形状改变，从而改变其屈光度，使远近不同的外界景物都能在视网膜上形成清晰的影像，它起照相机中透镜的作用，而且晶状体具有自动聚焦功能。

③ 视网膜。光线经过瞳孔、晶状体往视网膜上聚焦成清晰的影像。它是眼睛的视觉感受部分，类似照相机中的胶卷。视网膜上布满了感光细胞——锥体细胞和杆体细胞。光线射到它们上面就产生光刺激，并把光信息传输至视神经，再传至大脑，产生视觉感觉。

④ 感光细胞。它们处在视网膜最外层上，接受光刺激。它们在视网膜上的分布是不均匀的：锥体细胞主要集中在视网膜的中央部位，称为"黄斑"的黄色区域，黄斑区的中心有一小凹，称"中央窝"，在这里，锥体细胞达到最大密度，在黄斑区以外，锥体细胞的密度急剧下降。与此相反，在中央窝处几乎没有杆体细胞，自中央窝向外，杆体细胞密度迅速增加，在离中央窝20°附近达到最大密度，然后又逐渐减少。

杆体细胞集中在视网膜的外围，是负责"周边视觉"的感光细胞。杆体细胞较大，并且对弱光的变化和运动很敏感，在低光照水平下发挥着较为重要的视觉作用。杆体细胞只有一种，而且它们都含有相同的感光色素。该感光色素被称为"视紫红质"（Rhodopsin），对波长为504nm的光谱最为敏感，如图3-2所示。

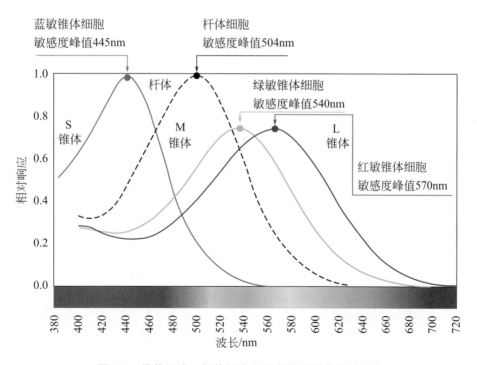

图3-2 锥体细胞、杆体细胞不同光线下视觉相对反应

两种感光细胞有各自的功能特征（图3-2）：锥体细胞在明亮环境下对色觉和视觉敏锐度起决定作用，即这时它能分辨出物体的细部和颜色，并对环境的明暗变化作出迅速的反应，以适应新的环境。而杆体细胞在黑暗环境中对明暗感觉起决定作用，它虽能看到物体，但不能分辨其细部和颜色，对明暗变化的反应缓慢。

3.1.2 视觉特性

光线进入人眼后产生了视觉，使人能够看到物体的形状、色彩和物体的运动，并通过光照作用产生明暗关系，使人感受到物体的立体感、质感、空间变化和色彩的变化。可见人的视觉是依赖于光的，并且也要通过人的视觉而表现光的功能和作用。我们只有对光进行合理科学的设计，才能满足人的生理和心理的需求，所以应从视觉入手研究，方能得到合理光环境设计的正确依据。下面介绍视觉的一些特性。

（1）视觉阈限

视觉系统极其复杂，它有很大的自调能力，但这种能力有一定限度，例如视觉器官可以在很大的强度范围内感受到光的刺激，但也有一个最低的限度，低于这一限度时，就不能再引起视觉器官对光的感觉了。能引起光觉的最低限度的光量，就称为视觉识别的阈限，一般用亮度来度量，故又称为亮度阈限。

视觉的亮度阈限与诸多元素有关，如与目标物的大小有关，目标越小，亮度阈限越高，目标越大，亮度阈限越低；与目标物发出光的颜色有关，对波长较长的光，如红光、黄光，亮度阈限值要高些；与观察时间有关，目标呈现时间越短，亮度阈限值就越高，呈现时间越长，亮度阈限值就越低。

（2）光量效应——韦勃定律

对于外界光刺激的变化，在我们视觉上有什么反应呢？韦勃通过心理物理试验探讨了这个问题。他把用仪表测得的照明量称为"刺激"，这是一个客观物理量；把人眼可以感知的光刺激变化称为"感觉"，这是一个主观心理量。他发现刚能察觉的光刺激变化同刺激水平存在一定的关系，即能觉察到的光刺激变化同刺激水平的比值是一常数关系，用数学式表达为：

$$\frac{\Delta I}{I} = K（常数）\tag{3-1}$$

这就是心理物理学的一个著名定律——韦勃定律。它不是一个严密精确的公式，但却阐明了主观感觉与外界刺激间的关系，对照度等级的划分有指导意义。例如，在一个照度为10lx的房间里，增加1lx的照度刚刚能察觉出变化；那么，在另一个照度水平为100lx的房间里，就需要增加10lx的照度才能刚刚觉察出有照度的变化。两者的比率都是0.1。

（3）对比感受性

任何视觉目标都有它的背景。例如，看书时白纸是黑字的背景，而桌子又是书本的背景。目标和背景之间在亮度或颜色上的差异，是我们在视觉上能认知世界万物的基本条件。前者为亮度对比，后者为颜色对比。下面讨论的是亮度对比和辨认的问题。亮度对比，是视野中目标和背景的亮度差与背景（或目标）亮度之比，符号为C，即：

$$C = \frac{|L_O - L_b|}{L_b} \qquad (3\text{-}2)$$

式中　L_O——目标亮度，一般面积较小的为目标，cd/m^2；

　　　L_b——背景亮度，面积较大的部位做背景，cd/m^2。

人眼刚刚能够知觉的最小亮度对比，称为阈限对比，记作$\overline{C}$。阈限对比的倒数，表示人眼的对比感受性，也叫对比敏感度，符号为S_c，则有：

$$S_c = \frac{1}{\overline{C}} \qquad (3\text{-}3)$$

式中，S_c不是一个固定不变的常数，它随照明条件而变化，同观察目标的大小和呈现时间也有关系。在理想条件下，视力好的人能够分辨0.01的亮度对比，也就是对比感受性最大可达到100。

图3-3说明对比感受性与背景亮度的相关系。它是Blacwell对一组20～30岁的青年做实验获得的平均结果。背景为均匀亮度的视场，采用4弧分的发光小圆盘做视标，视标呈现时间为0.1秒。由曲线可以看到，S_c随L_b而上升，在350cd/m^{2}左右接近最大值。此后S_c上升比较缓慢，当背景亮度超过5000cd/m^{2}时，由于形成眩光而使S_c下降。

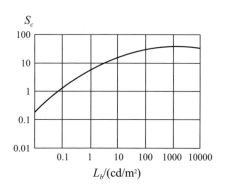

图3-3　对比感受性与背景亮度的关系

（4）视觉敏锐度

人凭借视觉器官辨认目标或细节的敏锐程度，称为视觉敏锐度，医学上也叫做视力。一个人能分辨的视觉越小，它的视觉敏锐度就越高。在数量上，视觉敏锐度等于刚能分辨的视角的倒数，视角是指物体大小（或其中某细节的大小）对眼睛形成的张角。在图3-4中，D代表目标大小，l是由眼睛角膜到该目标的距离，视角α用下式计算：

$$\alpha = tg^{-1}\frac{d}{l} \cong \frac{d}{l}（弧度）= 3440\frac{d}{l}（分）\qquad（3-4）$$

眼睛分辨细节的能力主要是中心视野的功能，这一能力因人而异。医学上常用兰道尔环或"E"形视标检验人的视力。它们在横向与纵向都由5个细节单位构成（5d），例如"C"形兰道尔环的黑线条宽度与缺口宽度均为直径的1/5（图3-4）。在5m远的距离看视力表上的视标，当d=1.46mm时，视角恰好是1分。能分辨1分的视标缺口，视力等于1，说明一个人的视力正常；如果仅能分辨2分的缺口，则视力等于1/2，即0.5。

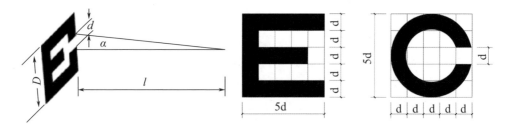

图3-4　兰道尔环和"E"形视标

视觉敏锐度随背景亮度、对比、细节呈现时间、眼睛的适应状况等因素而变化。在呈现时间不变的条件下，提高背景亮度或加强亮度对比，都能改善视觉敏锐度：看清视角更小的物体或细节。

（5）视觉速度

从发现物体到形成视知觉需要一定的时间。因为光线进入眼睛，要经过瞳孔收缩、调视、适应、视神经传递光刺激、大脑中枢进行分析判断等复杂的过程，才能形成视觉印象。良好的照明可以缩短完成这一过程所需的时间，从而提高工作效率。

我们把物体出现到形成视知觉所需时间的倒数，称为视觉速度（1/t）。实验表明，在照度很低的情况下，视觉速度很慢；随着照度的增加（100～1000lx），视觉速度上升很快；但达到了一定的照度水平，也就是照度在1000lx以上时，视觉速度的变化就不明显了。

（6）视觉能力的个人差异

如同人在智力、体力和听力等方面存在个人差异一样，视觉能力也因人而异。视觉能力取决于眼睛光学系统各部件的形状和透明度，眼睛的调视、对光能力及视网膜的光谱灵敏度等因素。中年以后，视觉能力随年龄增长而衰退是普遍的现象。这是因为老年人眼睛的晶状体硬化，弹力减弱，调视能力下降；同时，眼球的透光比降低，角膜与晶状体的散光加重，对于眩光也更敏感了。据调查，60岁老人的视力只有20～30岁年轻人的1/3。因此老年人比年轻人需要照度水平更高的、无眩光的照明。

3.1.3 视觉活动特点

（1）视野

当头和眼睛不动时，人眼能察觉到的空间范围叫视野（图3-5），分为单眼视野和双眼视野。单眼的综合视野（单眼视野），在垂直方向的角度约为130°，向上60°，向下70°，水平方向约至180°。两眼同时能看到的视野（双眼视野）较小一些，约占总视野中120°的范围。在视轴1°～1.5°范围内具有最高的视觉敏锐度，能分辨最细小的细部，这部分叫中心视野；目标偏离中心视野以外观看时，叫周围视野。视线周围30°的视觉环境，清晰度也比较好。

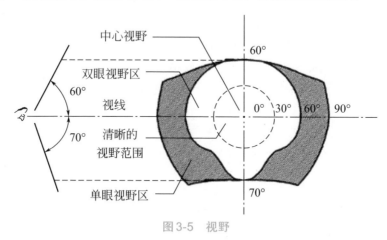

图3-5 视野

人眼进行观察时，总要使观察对象的精细部分处于中心视野，以便获得较高的清晰度。因此观察者经常要转动眼睛，甚至要转动头部。但是眼睛不能有选择地取景，摒弃他不想看的东西。中心视野与周围视野的景物同时都在视网膜上反映出来，所以周围环境的照明对视觉功效也会产生重要影响。

观察者头部不动、眼睛转动时所能看到的空间范围称之为视场。视场也有单眼视场和双眼视场之分。

（2）明、暗视觉

由于锥体细胞、杆体细胞分别在不同的明、暗环境中起主要作用，故形成明、暗视觉。明视觉是指在明亮环境中，主要由视网膜的锥体细胞起作用的视觉（即正常人眼适应高于几个 cd/m^2 的亮度时的视觉，cd 为光亮度单位：坎德拉）。明视觉能够辨认很小的细节，同时具有颜色感觉，而且对外界亮度变化的适应能力强。暗视觉是指在暗环境中，主要由视网膜杆体细胞起作用的视觉（即正常人眼适应低于百分之几个 cd/m^2 的亮度时的视觉）。暗视觉只有明暗感觉而无颜色感觉，也无法分辨物件的细节，对外部变化的适应能力低。

介于明视觉和暗视觉之间的视觉是中间视觉。在中间视觉时，视网膜的锥体细胞和杆体细胞同时起作用，而且随着正常人眼的适应水平变化而发挥的作用大小不同：中间视觉状态在偏向明视觉时较为依赖锥体细胞，在偏向暗视觉时则依赖杆体细胞的程度变大。

（3）光谱光视效率

人眼观看同样功率的辐射，在不同波长时感觉到的明亮程度不一样，人眼的这种特性常用光谱光视效率 $V(\lambda)$ 曲线来表示。它表示在特定光度条件下产生相同视觉感觉时，波长 λ_m 和波长 λ 的单色光辐射通量的比。λ_m 选在视感最大值处（明视觉时为 555nm，暗视觉为 507nm）。明视觉的光谱光视效率以 $V(\lambda)$ 表示，暗视觉的光谱光视效率用 $V'(\lambda)$ 表示。

由于在明、暗环境中，分别由锥体细胞和杆体细胞起主要作用，所以它们具有不同的光谱光视效率曲线。如图3-6所示，这两条曲线代表等能光谱波长 λ 的单色辐射所引起的明亮感觉程度。明视觉曲线 $V(\lambda)$ 的最大值在波长555nm处，即在

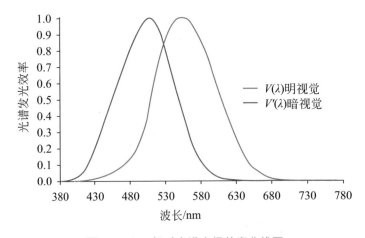

图 3-6　CIE 相对光谱光视效率曲线图

黄绿光部位最亮，越趋向光谱两端的光显得越暗。$V'(\lambda)$曲线表示暗视觉时的光谱光视效率，它与$V(\lambda)$相比，整个曲线向短波方向推移，长波端的能见范围缩小，短波端的能见范围略有扩大，在不同光亮条件下人眼感受性不同的现象称为"普尔金耶效应"（Purkinje Effect）。我们在设计室内颜色装饰时，就应根据它们所处环境的可能的明暗变化程度，利用上述效应，选择相应的明度和色彩对比，否则就可能在不同时候产生完全不同的效果，达不到预期目的。

（4）恒常现象与视觉疲劳

一个物体在照明的性质与强度发生变化的情况下，人对该物体还保持原有的识别状态，这种现象叫恒常现象。如白天在室外阳光下看植物的颜色是绿色，在夜晚室内灯光下看还会是同样的绿色。

长时间在恶劣的照明环境下进行视觉工作，易引起疲劳。视功能疲劳的增强会随着照度的增加而得以改善，照度在500lx时，上述情况开始发生转折，直到大约1000lx，1000lx以上的照度对改善视觉功能疲劳没有多大好处。500～1000lx的照度范围适合于绝大多数连续工作的室内作业场所。

（5）眩光

由于视野中的亮度分布或亮度范围的不适应，或存在极端的对比，以致引起人眼的不舒适感觉或者降低观察细部（或目标）的能力，这种视觉现象统称为"眩光"。

通常当视觉作业面上规范反射与漫反射重叠出现时，会造成作业面与背景之间对比的减弱，致使全部细节模糊不清，就称为"光带反射"图。由光泽表面反射光产生的眩光，称为"反射眩光"。光带反射是反射眩光中的一种，它们都会降低作业面的亮度对比，使目视效果降低，从而也就降低了照明效果。在考虑功能性光环境设计中，我们要尽量去克服眩光的影响，减少光污染，但在光环境设计中，我们要善于巧妙运用眩光营造景观效果。

3.2　光与色彩

3.2.1　光和色的体系

3.2.1.1　光谱分布

光是波的一种，光线和物体的颜色都是由于波长不同而产生的。本节概要地介绍构成颜色基础的光的特性。

（1）光的范围

光是被称为电磁波的辐射能谱中十分狭窄的一部分，它一边在重复地振动一边笔直地前进。在电磁波中还有宇宙射线、γ射线、X射线、紫外线、红外线、短波和中波等无线电波。这些电磁波由于其波长不同而具有各种各样的作用，其中也有对人体有害的电磁波。

给我们的眼睛带来光感和色感的光通常是波长为380～780nm（1nm=1×10^{-9}m）的电磁波，这个区域称为可见区域（可见光），见第一章中的图1-1。

（2）分光

让太阳光经过狭缝成为一条细线，再通过一个棱镜并映照在白色的屏幕上，就可以看到一条彩色的光带（图3-7），对光进行这样的分解称为分光，所得到的彩色带称为分光光谱，它的颜色从波长较短的开始，顺序分开为紫-青-蓝-绿-黄-橙-红。通过分光所获得的色光称为单色光。之所以采用棱镜进行分光是因为光进入玻璃内的时候，各单色光都具有各自不同的路径，当光穿过玻璃时，波长越短的光以越大的偏转角度前进（折射率大），波长越长的光偏转的角度越小（折射率小）。彩虹是自然界的分光光谱（大气中的水滴成为棱镜），最内侧的是紫色，最外侧的是红色。虽然可见区域最短的波长是紫色，但在其外侧还有紫外区域（紫外线），最长波长的红色变得看不见时就进入红外区域（红外线）。

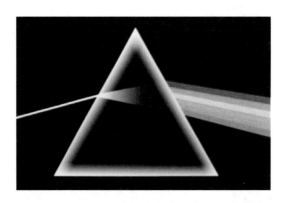

图3-7 三棱镜的分光

（3）光谱分布

用测色仪器对某种色光进行分光，如果知道了分光之后各个波长的能量，就能用各种能量的比例混合成该色光，这种能量比例称为该色光的光谱组成。光所具有的颜色性质可以通过光谱组成的量来表示。照明光的颜色和物体的颜色也可以用光谱组成来表示，这称为光谱分布。某种光具有哪一种能量比例，可以在光谱分布图中查到。光谱分布用曲线表示，其横轴为光的波长（400～700nm），纵轴为强度。

照明中光的颜色以CIE规定的标准光为基准，用各波长光的相对能量比来表示。有代表性的光源光谱分布图如图3-8所示。物体的颜色以相对于标准白色面的反射光强度表示各波长光的反射率。实际上，我们眼睛所见到的物体的颜色是通过由光源产生的照明光的光谱分布和物体表面的光谱分布的关系表现出来的。因此，即使具有不同光谱分布的物体，由于照明条件的不同，也有可能看起来是相同的颜色，这就是所谓的同色异谱现象。

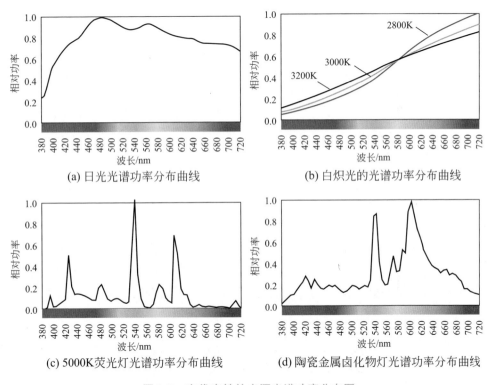

图3-8　有代表性的光源光谱功率分布图

下面列举一些具体的物体表面色的外观示例，为便于理解，下面所述内容都是以在一定的太阳光下进行判断作为照明条件。

对于物体的颜色，在光谱分布图上反射比最高的波长的颜色就是最接近该物体的颜色，例如，人们看到的苹果之所以是红色，是因为长波成分（红色）的反射率最高。苹果未成熟时，由于中波成分（绿色）的反射比高，所以看见绿色。现实中的各种各样的物体，我们所见到的是混合了许多反射光而形成的表面颜色。在所有波长都受到同等反射时，如果其反射比高，就会接近太阳光颜色的白色，

若反射比低的话，颜色就会发暗。例如，混凝土在白天看时是干白色，这是因为对所有的波长，其反射比都很高，所以看起来呈现白色；但把水洒在混凝土表面上时，所有波长的反射比都会同等地降低，所以看起来就会呈现出灰色。

3.2.1.2　色的外观

如果是物体表面的色，可以通过孟塞尔值来客观地表示；如果是光源或光的色，可以通过色度和相关色温来客观地表示。可是这些值即使相同，其色的外观也未必相同，或者反过来说，对外观相同的色进行测量所得到的结果，其数值也不一定是一样的。之所以会发生这样的情况，是因为观看条件对色的外观有很大的影响。

（1）色的外观

天空的蓝色和涂在墙上的蓝色涂料虽然同样是蓝色，但其给人的印象却是完全不同的。蓝色的天空，柔和而开阔，让人感觉亲切，感到它是一种蓝色的空间，似乎人能融合进去；而涂在墙上的蓝色涂料，则体现出一种强烈的现实感和坚固感，让人感觉生硬和分离，感到它是一种蓝色的表面，似乎人只能在其外面看。另外，从注入瓶中的蓝色液体感受到的是蓝的容积色，通过蓝色的玻璃纸看东西时感受到的是蓝的透明色，这些印象大为不同。虽然，通常不会感觉到这些颜色是相同的，但如果测量一下这些光的属性，会得到它们的数值是大致相同的。这种色外观不同但测色数值大体相近的情况是非常普遍的。

（2）色和光

凝视桌子上的色卡时，即使照射在那里的光有少许变化，所看到的基本上还是同样的色，这个现象称为色的稳定性。这是因为，即使有少许变化，桌子与色卡的光照还是一样的，颜色上的变化也体现不出来。但是，像天花板、地板、墙壁等，由于它们的相对空间位置和方向不同，当照明光有变化时，它们各自的变化是不一样的，这种稳定性就不存在了。例如，当使用天花板表面几乎照不到光的那种嵌入式灯具时，实际使用明度较高的亮色天花板表面，却让人感觉好像是使用了低明度的装饰表面材料。又如，对于来自天空光的照射，以及来自方向性强、随时间和气候而变化的太阳直射光照射，即使建筑物的每个表面都是同样着色，但所看见的颜色也会有很大差异。

（3）物体的色和光的色

数码相机拍摄照片，就可以得到在画面的各个峰谷的RGB值的资料（图3-9）。因为RGB值表示颜色，如果采用这个方法大量地拍摄优秀的色彩设计方案，这些资料就可以直接用于色彩设计。但是，用这种方法得到的颜色资料和用孟塞尔色卡进行目视测量以及用接触型测色计得到的结果是不同的，后者测量了物体的反射特性，而前者则测量了入射进相机里的光的颜色属性。入射进相机的光是光照在物体表面上被其反射的结果，因为给同样的相机提供入射光的光和反射率的组合是各种各样的，所以，反射的特性，也就是物体的颜色不能确定。例如，即使固定了曝光时间和色温，用相机拍摄的彩色照片也只能作为配色时的参考。

图 3-9　图像的 RGB 通道

3.2.2　光和色的应用

3.2.2.1　亮和暗——光的心理及生理反应

自然界的照度范围从直射阳光下的 120000lx 到没有月亮的星空夜色下的 0.0003lx，我们在生活中体验这样的各种亮度水平不仅与视功能有关，而且亮和暗对人们的心理有深刻而长期的作用，并且会对生活的节律和行动产生影响。

（1）光和昼夜节奏

人类本来就是昼光性的，具有在明亮的白天进行活动、在黑暗的夜晚休息（睡眠）的习惯。随太阳光的变化相对应地重复活动和休息，以一天24小时为周期进行身体生理机能指标变化称为昼夜节奏。体温的变化是从早晨开始到中午之前一直在上升，在傍晚达到最高，夜间急剧下降，凌晨3点达到最低值。与此相反，连续执行夜勤时的体温整体都较为平坦，在地下或深夜执行勤务时，24小时都在同样的亮度下生活的人体温度变化规律和正常生活的人体温度变化规律会有所不同。

除了人之外的其他动物的身体节奏往往单纯地与环境的明暗周期同步。关于人类身体节奏主要的同步因素，在以前，认为饮食和生活周期等社会因素比光的作用更重要，但是在近些年来，随着研究的推进，高照度的光照射对人所产生的作用逐渐显现起来。例如，对性成熟有抑制作用的褪黑激素在夜间分泌增高、白天分泌降低，显示出显著的周期变化。其分泌功能对光的反应很敏感，通过夜间点灯，可以使褪黑素在血液中的水平下降到基础值之下。此外，为了治疗自闭症、失眠、抑郁症等疾病以及由于时差混乱而引起的失常的身体新陈代谢规律，有人用强光浴的光疗法进行了试验，在一天之内的某个时间段中，用 1 ～ 2 小时的时间在患者的眼睛位置点灯，使其暴露在 3000 ～ 5000lx 以上的高照度光线中。

（2）亮暗和人类心理

刚刚出生的小孩立刻就会对明亮的东西和活动的物体感兴趣，而且睡觉的时候其头部会自然地转向明亮的窗户方向。人本来就有向光性，即使在成长中，自然界中有光的地方都会引起他的注意。我们具有主动前往明亮地方的习惯，利用这种习惯，就有可能做出把人诱导到自然界的照明设计。亮度不仅刺激眼睛，而且也容易使触发身体活动的气氛高涨起来。在晴朗的蓝天下会有活动活动身体的心情，这不仅在视觉上能够清楚地看得到，而且可能还是沐浴在日光中使得人们心情高涨的原因。如图 3-10 中对于活动室的光线处理，整体非常明亮，便于激发人活动行为的产生。

暗的地方是晚上睡觉和疲劳静养等要控制活动时所要求的。暗，使得运动神经镇静下来，人也会松弛下来，使深度的睡眠成为可能。也就是说，暗的地方具有恢复人的身心活力的能力。此外，暗是一个人进行思考时所需要的，暗是环境气氛沉静下来所特有的，暗的静谧也是恋人相处时所喜欢的。如图 3-11 中对于餐厅空间的光线处理整体偏暗。具有良好情调的餐馆大多采用比较暗的照明，整体上的照度很低，加上桌子上的局部照明或小的烛光，能营造出私人之间亲密的氛围。

图 3-10　活动室空间的光线处理　　　　　图 3-11　餐厅空间的光线处理

（3）有效地利用暗的照明设计

使空间明亮起来也就是使那里没有了暗。在均匀照明的环境中，亮和暗是无法共存的。究竟要把室内的空间照明设计成何种照度水平，与空间的功能性质、行为的可见性要求以及所要求的氛围等因素有关，但在很多时候，都要优先强调可见性，这种观点的认识就是，照度越高，空间越亮，照明质量就越高。

但是，在餐馆等重视氛围的场所，则宁可牺牲掉一些可见性，也要追求一种比较暗的照明效果，通过积极地引入暗，才可以使被照亮的部分更为醒目突出，而暗的部分也会由此让人觉得更有深度、更有内涵、更为宽阔、更为厚重，也更有魅力。如图3-12所示，鹿特丹Fenix移民博物馆对于光线的处理，通过合理的明暗组合形成完美的空间光影效果。

图3-12 鹿特丹Fenix移民博物馆

亮和暗共存的照明设计要求必须降低室内的基本照度，才能用较少的光源营造出上乘的亮度效果，使得分辨出微妙的亮度层次成为可能。在空间中，怎样分配和布置亮与暗，不仅要用平面图进行二维的研究，而且还应该在三维空间中进行考虑。需要考虑室内人员视点的位置以及视线的方向、各个人员之间的相对位置、地面和天花板的配合情况等，在此基础上，考虑进入视野的光的分布情况。根据人的视点来进行设计，是实现与心理相对应的照明环境的一条正确途径。

3.2.2.2 立体感的塑造

立体感本来是雕塑家用来描述其作品特性的一个词语，在照明领域谈立体感时，是指用照明的光在物体上产生立体感。

（1）必须考虑立体感的场所

立体感与空间中光的方向和光的数量有关，光的方向用矢量照度（光的方向和强度）来表示，光的数量用标量照度（集中在某一点上的光的总量）来表示。

立体感和照度及亮度一样，都是完成照明设计的重要因素。但与照度或亮度相比，对立体感进行充分研究的机会比较少。在照明设计中对立体感进行充分研究的对象多数是美术馆。其实，需要考虑立体感的场所还有很多。展示美术作品时，照明对象不是活动的物体，对其进行鉴赏时的视点也会有某种程度的限定，与此不同，以行动着的人为对象的立体感则要困难得多。之所以必须考虑立体感，是因为在进行识别和交流时，脸部的外观特别重要。为了进行设计，必须对特定场所以及处于该场所中的人的行动有某种程度的限定，这类场所或空间包括餐馆、走廊通道、旅馆的前庭等。在一些高级餐馆，多是以体现餐馆档次的场景照明光为中心来进行设计，而不是去考虑坐在桌子旁边的客人的表情或形象外观是否合适。其实，人们就餐时，看清楚对方的表情和外貌对于创造愉悦的心情非常重要。

（2）根据立体感进行照明设计

如果在以前的照度和亮度基础上，再加上立体感方面的考虑，把几个指标综合在一起，考察一下我们所见的空间，就会看到，迄今为止，还有很多空间没有达到照明设计所提出的要求。对于有些空间来说，如果从场景照明的角度（亮度分布）来看不那么令人满意，但如果从立体感的角度来看，却有着令人称许之处。如图3-13所示，餐厅的光效设计考虑到了人物立体感的塑造。

而另一些空间则存在着相反的问题，在这些空间中的场景照明是不错的，但立体感方面却存在着缺陷。当然，也有一些空间，其场景照明和立体感塑造两个方面巧妙地取得了平衡，都形成了令人满意的照明效果。有时考察的参数增加一个，马上就会发现以前一直没有注意到的问题，可以简要地通过三个视角去理解和认识照明设计的效果，初步地对光环境进行理解。

① 照度：被照物体单位面积上的光通量，它是决定被照物体明亮程度的间接指标。在一定范围内照度增加，可使视觉功能提高。

② 亮度：发光体在视线方向单位

图3-13 餐厅中考虑到人物立体感塑造的光效设计

投影面积上的发光强度，和照度的概念不同，它是表示由被照面的单位面积所反射出来的光通量，与被照面的反射率有关。

③ 立体感：塑造立体效果所需要的光。

3.2.2.3 信息的可识别性

人类生活中的大部分信息都是通过视觉得到的。为此，营造一个舒适而安全的生活环境，使得我们通过视觉轻松了解周围的信息便是十分重要的一项工作。提供一个良好的视觉环境，既有利于工作效率的提高，防止疲劳，又能降低事故的发生率。视觉环境评价取决于对视觉刺激和信息敏感的眼睛的灵敏度，明视性由照明等环境条件、观察者的条件、视觉对象的条件综合决定。背景亮度、视觉对象的大小、视觉对象与背景亮度的对比、观察视觉对象的时间，这四个对信息的视觉可识别性有很大影响的物理条件称为明视的四条件。

（1）环境条件

空间的大小和内装饰、窗的大小和位置、人工照明等环境条件决定了视野的亮度和亮度分布以及视觉对象与背景的对比和外观颜色，也会影响到观察者眼睛的灵敏度，影响场景中信息的可识别性（图3-14）。作为明视环境的条件，最重要的是通过人工照明和昼光来为作业提供其所需要的照明亮度。

图3-14　光线强化视觉信息的可识别性

当眼睛充分适应了环境之后，如果没有眩光的话，那么，亮度小、对比亮度低的物体就能被眼睛辨认。此外，因为眼睛的灵敏度会随亮度的变化而变化（适应），即使是同样的视野条件和视觉对象，其可见度也会由于适应亮度的不同而不同。由于亮度和照度的空间变化会使适应变得混乱，从而导致视力下降和视觉疲劳，因此，从保证明视性的角度，必须对此类问题加以扼制。

照明的质量和照明的数量同样重要。在工作时，为了避免诸如手的影子影响视看等问题，需要对主要照明光线的方向和强度、视觉对象的立体感和阴影等进行恰当的规划，此外还要避免眩光源进入视野，因为它会造成一种不适感，或者是降低视见度。所谓由眩光产生的能见度下降，就是由于在视线附近存在着光源，使眼球内的散射光增加。此外，光源在有光泽的视觉对象表面反射，这种反射光也是一种眩光源，当这种眩光源的像映入眼睛中时，会形成一种光幕现象，它会造成视觉对象的对比度下降，导致视觉观察难以进行。可以通过避免在视线的正反射方向设置光源来避免反射光幕，同时，还必须规定视觉对象的位置和观察者的视线方向。

（2）观察者条件

因为明视性评价是对视觉刺激的反应，如果不考虑作为传感器的眼睛的灵敏度，也就是视认能力的话，就无法进行评价。视认能力的指标包括对亮度差别的辨别能力和视力。视力是综合了眼球的扩散和透过特性、折射能力、焦点调节能力等视觉特性的能力。视力和亮度差辨别能力有从属关系，作为指标，使用哪一个都可以，但因为视力是众所周知的概念，而且也明确了测试方法，所以在进行视觉环境设计时，把视力作为视认能力的指标是比较实用的。

视力因人而异，最大视力上的差别导致了在各种条件下的能见度的不同。所谓最大视力，是在亮度足够的环境中测定的视力，是在 $200 \sim 800 \text{cd/m}^2$ 的条件下得到的，若超过 1000cd/m^2 的话，视力反而会下降。视力随年龄的增加而下降，从 50 岁起就会急剧下降，当个人的视力差别大于由年龄产生的视力差别时，那么，个人的视力差别就将成为主要考虑的因素。相等的视力应该得到相等的明视性。

即使是同一个观察者视认同一个对象，由于环境条件的变化而使视力下降时，也就难以看见视对象了。亮度和视距等环境条件的变化所造成的影响也存在着个人之间的差别，如果我们了解了由于环境变化所造成的视力改变与个人的最大视力之比，那么，在许多情况下，就可以排除掉由于年龄所造成的差别和个人之间的差别。也就是说，用把握最大视力的方法来考虑观察者的视认能力，就能够完成对于明视性的评价。

3.2.2.4 色彩的心理——色彩偏好与情感效应

人们常会说色彩一变，气氛即刻就跟着变。色彩就是这样对感情和心理有着巨大的影响力。此外，色彩还有唤起印象的意义。了解色彩印象所产生的效果和色彩所具有的意义，就能在环境设计中恰当地使用色彩。

（1）情感效应

色彩分为冷色和暖色，可见色彩会使人感到冷或暖。红色和黄色可以使人感到暖，蓝色和绿色可以让人感到冷。色彩所赋予的情感效应包括冷暖感，所谓改变色彩，也包含改变这些色彩的印象，在说到想要设计一个"感到温暖的房间"或者是"感到安静的房间"时，调整色彩是非常重要的内容。

此外，在如今的生活中，色彩和气氛有密切的关系，如图3-15中，左图的女性健身会所使用马卡龙粉色，使得空间具有女性的柔美的意蕴，而右图的健身工作室则使用了红黑的搭配，塑造了热烈富有动感的空间情感。

图3-15 不同的色彩搭配形成截然不同的空间情感效果

（2）色的偏好以及设计中的应用

如果调查一下色的偏好，就会发现人们普遍喜欢蓝色和白色，不喜欢不鲜明的色和暗色，色的偏好与所谓的"透明-浑浊"有着深刻的联系。但是，喜欢和讨厌的评价并不是一成不变的。每个人对于色彩的评价都有所差别。总之，如果某种色有人喜欢，就一定会有人不喜欢。因此，如果想有效地利用色的偏好的话，就不仅要用平均色彩偏好的调查结果来进行色彩设计，而且要在使用该空间的人的色彩偏好调查的基础上，慎重地进行色彩设计。

（3）联想和象征

看到白色就会想到雪、婚纱、白云等，白色象征着洁白、纯真、光明、单调、空虚。看到蓝色就会想到大海、天空、水、宇宙，蓝色象征着高尚、冷淡、平静、稳重、深远。这就是所谓的联想。红色意味着情绪热烈，白色意味着清洁，这就是所谓的象征。这些也和环境设计有着深刻的关系。例如，之所以图3-16（a）中的墨西哥瓜纳华托的民居建筑有着丰富的色彩，是由当地的气候和当地充满各种色彩艳丽的植物的自然环境所决定的，这是联想和环境设计的关系；而图3-16（b）中，把海边的圣托里尼群岛中的建筑设计成纯净的白色和蓝色，则是利用了对大海的象征。

(a)　　　　　　　　　　　　　　　　　(b)

图3-16　墨西哥民居（a）与地中海民居（b）

（4）安全色和象征

所谓安全色，是指传递安全信息含义的颜色，利用了色彩的象征意义。根据《安全色》GB2893—2008国家标准，红色象征着危险，黄色象征着注意，绿色象征着安全，蓝色表示指令、必须遵守的规定。在确定色彩时，应该巧妙地利用色彩的象征意义。不仅在中国，在国外也往往是选择类似的色彩作为安全色。上述那些色彩的象征性可能会由于民族和文化的不同而有一定的差异。

3.2.2.5　光环境中的色彩设计

色彩是影响光环境设计视觉舒适感的一个重要因素。人对色彩的喜好随年龄、性别、气候、社会风气甚至种族差异而不同，但还是能够总结出许多关于表面颜色和光源色彩的一般规律来。如为了得到高效、舒适的光环境，建筑物主要表面应该采用淡颜色，顶棚通常是白色或近似白色，其他如墙面、地面、家具、陈设等表面通常是有色的，或者部分有色。光环境中的色彩设计存在如下规律。

①"暖色"表面的物体在"暖色"光照射下比在"冷色"光照射下看起来要更令人愉快些，而缺乏短波能量的暖色光会或多或少地"压制"冷色调颜色，使冷色调的颜色无法正确显现。对一定范围的物体颜色来说，最合适的光源是其色表在"冷"和"暖"之间的那些光源，因此这类光源在这一点上可以称为"安全"光源。

②背景（如墙、顶棚和大面积的物体）的最佳颜色不是白色就是饱和度非常低的淡色，这样的颜色可以称为"安全"的背景颜色。但希望产生对比时，非常暗的背景颜色是可以接受的，而中等明度和中等饱和度的墙面颜色则是所有背景色中最差的。表面颜色是否令人感到愉快，与背景颜色的关系最为密切。因此，

背景颜色选择得好可以不同程度地减轻光源光色影响；反之，如果背景颜色选择得不好，就会损坏"好颜色"的效果。

③ 大面积表面的颜色最好是淡而非饱和的颜色，而小物体最好的颜色是非常饱和的颜色。女士通常喜欢暖色，相反，男士通常喜欢蓝色和绿色。通常认为食品的颜色在暖色光之下比在冷色光之下好。色调相同或相似的两种颜色在颜色图板上的位置接近比远离看起来更为和谐。成都的某餐厅立面设计中使用大面积的冷灰色作为建筑的表面色，突出的小窗户则是使用了鲜亮的红色，从而实现了均衡的立面效果（图3-17）。图3-18中，无锡的夏洛特法式甜品店的室内设计中也选取了绿灰色与淡淡的冷灰色来作为建筑内部空间的大面积表面色，并通过灯具桌椅的红色点缀内部空间，使得空间氛围不会过于压抑。

图3-17 成都的某餐厅立面　　　　　　图3-18 无锡夏洛特法式甜品店的室内设计

④ 色彩只有在创造既生动又富于变化的环境时才是令人满意的，虽然某种色彩环境本身是令人愉快的，但大量的重复设计就会导致不愉快和单调，而产生与愿望相反的结果。

⑤ 光与色彩的平衡。光与色彩时常会出现不平衡状态。例如设计一间起居室，要求有温暖的环境氛围，决定选用中黄色，但是在实际施工过程中却采用柠檬黄色，结果显得光强过度，导致光和色彩不平衡。又如在房间的一个暗角落放置一把亮红色的椅子，由于光亮不够，以致看不清楚椅子的色彩，同样说明光和色彩不平衡。室内物体表面上的光、阴影和色彩必须保持平衡状态。从光和阴影考虑，光源、光量、光强、光的方向等是影响因素；从色彩方面考虑，色彩的使用功能和三属性也是影响因素。将这些因素适当地匹配起来，使光、阴影和色彩达到平衡状态，就可以形成综合的艺术效果。根据建筑功能的需要，要求人工光源的光色、光强与室内表面色彩达到平衡。如暖色、冷色或昼光色的光源按照光强的大小与室内表面色彩的色相、明度、彩度适当地配合，达到平衡。

3.3 光与空间

人类是通过光来认识时间与空间的。人们早已习惯将自己置身于有光的空间之中。我们通过大脑的思维活动来感知事物的形体（线性）、空间（三维立体）、时间（距离）和相互关系时，往往都会有光线的参与。光依靠空间又可以显示出光的面貌、动态和变化，并且利用光和阴影的对比丰富人或物在空间中的表现力。光的方向性能增强空间的可见度，使物体获得光影效果。改变空间的尺度和比例，人们对空间和物体原先的印象会发生变化。

在特定的空间中，只要光存在，阴影就会存在，光和阴影的关系，使物体呈现立体感，反映出物体的轮廓或形状。光的分布情况，以及材料表面的质感，使人们获得一个综合而全面的视觉印象。由于新的人工光源不断开发，新材料和新型灯具不断出现，人工光的艺术技法日渐增多，为我们提供了更加丰富多彩的光环境设计的手段和方法。

3.3.1 光构建空间的功能

明和暗的差异自然地形成室内外不同空间划分的心理暗示。光的微妙的强弱变化造就空间的层次感。例如采用荧光灯分散照明能够使空间显得宽阔些，而采用白炽灯集中照明则可以使空间显得紧凑些；利用光的明暗、色彩和照射方向可以划分和限定空间领域，例如娱乐性建筑中的舞池、歌台等处，可采用辉煌灿烂的灯光来强调；而比较隐蔽的休息区等，则可采用较暗的灯光或利用阴影来保证私密性要求。

（1）光在空间中的导向作用

利用局部照明能够吸引人的注意力，如博物馆、展览馆的展品处，商店里需要特别突出的商品等。通过空间的明暗对比过渡，增加导向作用。光线还能使不相关的空间之间发生联系，例如两个相隔一定距离的房子，通过灯光的导向性，使人们可以轻易判断出两座房子之间存在的某种联系，如图3-19中，罗马国家艺术馆内重复的拱圈结构通过光线对游客的参观流线进行指引。

图3-19　罗马国家艺术馆内光线

（2）光突出空间重点的作用

没有重点就没有趋向性，艺术则落入平庸。强化光的明暗对比能把表现的艺术形象或细节体现出来，形成有吸引力的视觉中心。强烈的对比还能产生戏剧性的艺术效果，令人激动，是展馆和舞台设计常用的手法。比如在图3-20中，安藤忠雄设计的光之教堂的礼拜室中对于十字形光带的处理，使得十字架成为空间中的重点。

（3）光塑造空间形象的作用

物体的形象只有在光的作用下才能被视觉感知。正确地设光（指光量、光的性质和方向）能加强建筑造型的三维立体感，提升艺术效果；反之，则导致形象平淡或歪曲。同样空间也能为光来造型，比如图3-21中日本惠比寿的彩虹教堂，该教堂利用精心调制的色彩反射板，将祷告空间内部用光线赋予了彩虹般的效果。整体空间具有强烈的宗教氛围。

图 3-20　光之教堂内光线

图 3-21　日本惠比寿的彩虹教堂

3.3.2　光的对比

（1）光与亮度对比

在直射光或重点光的照射下，亮度对比高，会获得气氛明亮的效果；相反，在漫射光的情况下，亮度对比低，则获得气氛平淡的效果。

（2）光影对比

即光的明暗对比，这种对比能表现物象的形状，产生立体感，在光环境中光影效果的使用，能增加环境的装饰气氛，营造适合人的视觉心理的光效，使人感到舒适。

（3）光色对比

在对色彩有一定要求的空间中常运用不同色相的光源色直接形成色相对比，或使用白炽灯射向涂有色彩的空间造型中，通过反射间接形成光的色相对比，从而满足空间表现的要求。

3.3.3　光在空间中的分布

光在空间中的分布会受到灯具的配光，数量，布置，建筑化照明方式，天花板、地面、墙面的反射特性等的影响。为了获得理想的光分布，需要综合考虑这些因素的影响，重要的是应将整个空间作为一个整体来看待，以便能获得一个所需要的整体光环境。下面，以光分布为例，来考察如何塑造一个整体的空间光环境。

空间环境中的光分布大体分为两种，一种是整个空间都有光照的一般照明（图3-22），如杭州西湖的苹果旗舰店通过光线的均质化处理，使得整个空间中充满了等光效的照明效果，一定程度上反映了苹果品牌的扁平化风格。另一种是室内空间中的部分区域设置光照的局部照明（图3-23），此时，光主要分布在空间中的下方，如蒸汽犀牛餐厅的室内设计突出地将就餐部分布置成了橙色，从而确立了空间的中心。很多时候是将一般照明和局部照明结合起来使用（图3-24），比如，在大型餐厅等大空间场所，经常会采用建筑化照明对空间整体进行一般照明，而对各个分区设置局部照明。由于空间是三维的，因此需要考虑光分布的立体效果，一般是以灯为中心，由光线构建起一个立体的空间环境。图3-24中所示是将吧台区域在高度和亮度上加以强调，以此确立了空间的中心。而所需要的光在

示意图

案例：杭州西湖苹果旗舰店

图 3-22　整个空间都有光照

示意图

案例：蒸汽犀牛餐厅室内设计

图3-23 室内空间设置局部照明

示意图

案例：约翰尼斯堡Gemelli餐厅

图3-24 一般照明和局部照明结合形成充足的光效

上下空间的分布比例则可通过改变配光和灯具的悬挂高度来实现。改变光在水平面上的布局，能够在空间中塑造出具有提示意义的方向感。比如在约翰尼斯堡的Gemelli餐厅内位于走道尽头的球形灯给予走道空间一个明确的方向。

3.3.4 光的控制

照明调光主要用在住宅和商业设施的室内。近年来，办公室中的照明也通过调光来追求一种舒适性，办公室中的工作人员通过对设置在独立工作区内的灯具的调节，可以获得自己需要的照明效果。照明调光能给应对意外情况带来方便，当天气突然变阴时，工作区的亮度会产生变化，此时，调节工作区的照明以维持其亮度就只有依靠调光手段了。

（1）定时调光系统

太阳给人带来时间和季节的概念，明媚的朝阳或温暖的落日会给我们带来不同的感受，用人工照明方法来模拟太阳光的变化已为商业照明所使用。与那种不

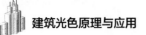

论昼夜都是一样的明亮，而且在视觉上感觉不到时间流逝的空间相比，采用了这种照明方法所塑造的商业建筑光环境更符合人们的生理节奏，会让人觉得更为自然和舒适。

（2）根据需要进行局部调光的系统

在办公空间中，由于办公时间和业务内容的多样化，以及办公室工作自动化程度的提高，还有办公人员个人情况的差异（年龄或习惯），对环境舒适性的要求正在变得越来越复杂。在这种情况下，根据个人需要，采用局部调光，创造适合于个人的局部环境，可以让人保持良好的情绪，进而提高工作效率。

（3）采用光敏传感器的调光系统

为了节能，在办公室引入天然光。来自窗户的天然光，既有透过云彩的光，也有强烈的西晒光，其量值和角度还会随时间和天气而不断变化。当人们在这种光照下工作时，会感到十分烦躁。采用光敏传感器可以根据从窗户进入的天然光数量来对人工照明的数量进行控制和调节，使得工作区的照度保持不变。当天然光的照度能够达到所需要的水平时，可以适时地降低人工照明的数量，达到节能的目的。

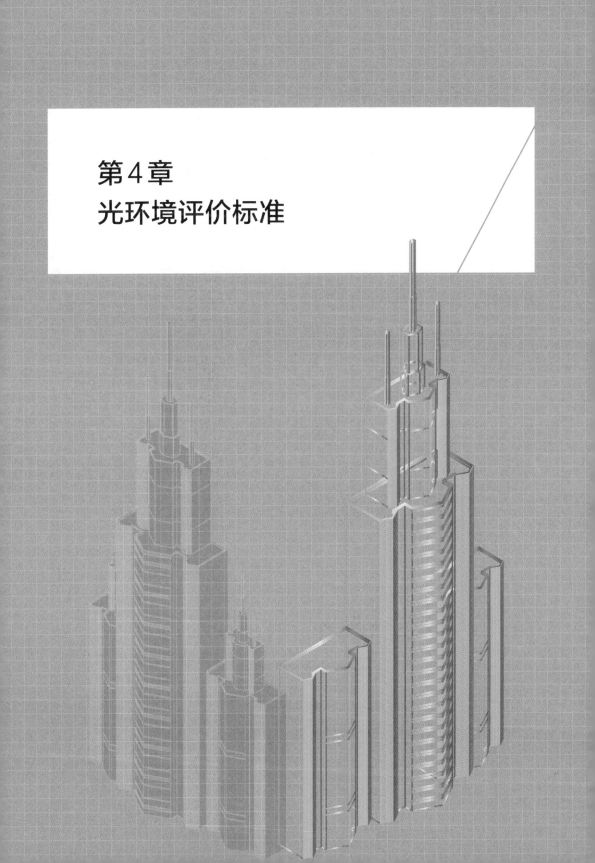

第4章
光环境评价标准

4.1 适当的照度水平

人眼对外界环境明亮差异的直觉，取决于外界景物的亮度。但是，规定适当的亮度水平是相当复杂的，因为它涉及各种物体不同的反射特性。所以，实践中还是以照度水平作为照明的数量指标。

4.1.1 照度标准

确定照度水平要综合考虑视觉功效、舒适感与经济、节能等因素。提高照度水平对视觉功效只能改善到一定程度，并非照度越高越好。无论从视觉功效还是从舒适感考虑选择的理想照度，最后都要受经济水平，特别是能源供应的限制，所以，实际应用的照度标准大都是折中的标准。在没有专门规定位置的情况下，通常以假想的水平工作面照度作为设计标准。对于站立的工作人员，水平工作面距地 0.90m；对于坐着的人，水平工作面距地 0.75m（或 0.80m）。

任何照明设置获得的照度，在使用过程中都会逐渐降低。这是由于灯的光通量衰减，灯、灯具和房间表面受污染造成的。这时，只有换用新灯、清洗灯具，甚至重新粉刷房间表面，才能大体恢复原来的照度水平。所以，一般不以初始照度作为设计标准，而采取使用照度（Service illuminance）或维持照度（Maintenance illuminance）制定标准。

使用照度，是一个维护周期内平均照度的中值。西欧国家及 CIE 采取使用照度标准。

维持照度，是在必须换灯或清洗灯具和房间表面，或者同时进行上述维护工作的时刻所达到的平均照度。因此，使用中的照度水平不得低于这个数值。我国采用维持照度标准，但是规定的是维护周期之末的最低照度而不是平均照度。通常维持照度不应低于使用照度标准的80%，如图4-1所示。

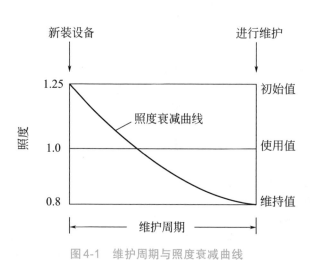

图 4-1 维护周期与照度衰减曲线

4.1.2 照度均匀度

一般照明是不考虑局部的需要，为照亮整个假定工作面而设计的均匀照明。所以，对一般照明还应当提出照度均匀度的要求。照度均匀度以工作面上的最低照度水平与平均照度之比表示，不得低于0.7。CIE建议的数值是0.8。此外，CIE还建议工作房间内交通区域的平均照度一般不应小于工作区平均照度的1/3，相邻房间的平均照度相差不超过5倍。

4.1.3 空间照度

在交通区、休息区、大多数的公共建筑，以及居室等生活用房，照明效果往往用人的容貌是否清晰、自然来评价。在这些场所，适当的垂直照明比水平面的照度更为重要。近年来已经提出两个表示空间照明水平的物理指标：平均球面照度与平均柱面照度。实践表明，后者有更大的实用性。

平均球面照度，是指位于空间某一点的一个假想小球表面上的平均照度，它表示该点的受照量而与入射光的方向无关。因此，平均球面照度也叫标量照度，以符号E_s表示（图4-2）。

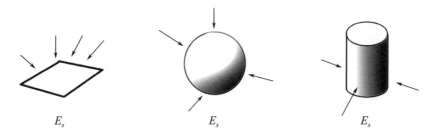

图4-2 平均球面照度

平均柱面照度，是指位于空间中某一点的一个假想小圆柱体侧面上的平均照度，圆柱体的轴线与水平面相垂直，并且不计圆柱体两端面上接受的光量。实际上，它代表空间一点的垂直面平均照度，以符号E_o表示。

4.2 舒适的亮度比

人的视野很广，在工作房间里，除工作对象外，作业区、顶棚、墙、人、窗子和灯具等都会进入眼帘，它们的亮度水平和亮度图式对视觉产生重要影响：首先，构成周围视野的适应亮度，如果它与中心视野亮度相差过大，就会加重眼睛瞬时适应的负担，或产生眩光，降低视觉功效；其次，房间主要表面的平均亮度，形成房间明亮程度的总印象，亮度分布使人产生对室内空间的形象感受，所以，无论从可见度还是从舒适感的角度来说，室内主要表面有合理的亮度分布都是完全必要的，它是对工作面照度的重要补充。

在工作房间，作业近邻环境的亮度应当尽可能低于作业本身亮度，但最好不低于作业亮度的1/3。而周围视野（包括顶棚、墙，窗子等）的平均亮度，应尽可能不低于作业亮度的1/10。灯和白天的窗子亮度，则应控制在作业亮度的40倍以内。

要实现这个目标，最好统筹考虑照度和反射比这两个因素，因为亮度与二者的乘积成正比。为了减弱灯具同其周围顶棚之间的对比，特别是采用嵌入式暗装灯具时，顶棚的反射比至少要在0.6以上，更高的顶棚反射比对增加反射光是有利的。同时，顶棚照度不宜低于作业照度的1/10，以免顶棚显得太暗。

墙壁的反射比，最好在0.3～0.7之间，其照度达到作业照度的1/2为宜。照度水平高的房间要选低一点的反射比。

地板空间的反射比应在0.1～0.3之间。这个数值是考虑了工作面以下的地面受家具遮挡的影响以后提出来的。多半要采用浅色的家具设备（反射比为0.2～0.5）和浅色的地面才能达到要求。

非工作房间，特别是装修水准高的公共建筑大厅的亮度分布，往往是根据建筑创作的意图来决定，其目的是突出空间或结构的形象，渲染特定的气氛或强调某种室内装饰效果。这类光环境亮度水平的选择和亮度图式的设计也应考虑视觉舒适感，但不受上述亮度比的限制，如图4-3所示。

图4-3　光源亮度设计

4.3 良好的显色性

光源色表的选择取决于光环境所要形成的气氛。比如，照度水平低的"暖"色灯光（低色温）接近日暮黄昏的情调，能在室内创造亲切轻松的气氛；而希望紧张、活跃、精神振奋地进行工作的房间，宜于采用"冷"色灯光（高色温），提供较高照度。

从建筑空间的功能，或从真实显示装修色彩的光环境设计效果来说，光源的良好显色性具有重要作用。印染车间、彩色制版印刷、美术品陈列等要求精确辨色的场所自不待言，顾客在商店选择商品、医生察看病人的气色，也都需要真实地显色。此外，据研究表明，在办公室内用显色性好（R_a>90）的灯，达到与显色性差的灯（R_a<60）同样满意的照明效果，照度可以降低25%，节能效果显著（图4-4）。

80CRI   90CRI

图4-4 光源的显色性

4.4 避免眩光干扰

4.4.1 眩光的性质

当直接或通过反射看到灯具、窗户等亮度极高的光源，或者在视野中出现强烈的亮度对比时（先后对比或同时对比），我们就会感受到眩光。眩光可以损害视

觉（失能眩光），也能造成视觉上的不舒适感（不舒适眩光），这两种眩光效应有时分别出现，但多半是同时存在着。对室内光环境来说，控制不舒适眩光更为重要，只要将不舒适眩光控制在允许限度以内，失能眩光也就自然消除了。

4.4.2 不舒适眩光的评价方法

对于照明系统中不舒适眩光的研究和评估可以追溯至1926年Holladay等人进行的眩光试验，其中心思想是利用评价者中认为照明条件是舒适的人数的百分比作为眩光程度的量化依据，建立其各个眩光物理参数的眩光常数公式，着重寻找舒适与不舒适的视觉阈限（BCD），并将此时的眩光常数作为判断眩光是否过量的标准。近一个世纪以来，针对不舒适眩光，国内外学者进行了大量的研究。这些研究的根本思想都受到BCD的主导，只是不同研究者采用了不同的眩光量化方法、不同的眩光分析方法以及不同的BCD确定方法，进而建立了适用于不同照明场合、照明系统和地域的，具有一定差异性的眩光评估方法、评估模型和眩光限制标准。

（1）心理量表法的评价现状

基于心理物理法，国内外研究人员对不舒适眩光进行了大量的研究，并且获得了不舒适眩光的评估方法和评估模型。总结发现，这些评估模型之间的差异主要存在于体现不舒适程度的量化指标及影响不舒适眩光程度的关键物理参数。

对于体现不舒适程度的量化指标，Hopkinson和de Boer等人的研究发现，由多个词语组成的量表可以更好地表达被试者感受到的眩光不舒适程度，研究人员可以确定某一种眩光的确切不舒适程度。

de Boer等人设计的9点量表，共包含5个词语，被广泛使用。Hopkinson于1972年编制了多语义量表，并增加了两个判据——失能眩光和不舒适眩光，被试者基于自己的主观感受，选择对应的数字，也可以选择两个分数中间的0.5分。Peter、Boyce等人的研究和Ngai等人的研究中，则使用7点评价量表评估自己对头顶光源的主观反应。Velds采用了5点量表。Berman等人的研究中的主观评价量表一共有4个水平的不舒适程度描述。H.Higashi等人则采用UGR对应的9个等级描述，作为不舒适眩光的主观评价工具。

可见，不同的不舒适眩光量化指标可能带来不同的评价结果，缺少标准化的不舒适眩光评价方法是眩光研究发展的一大壁垒。因此，未来，通过优化主观评价量表的设置、实验流程的制定及对实验过程的掌控，最大限度地降低主观评价的共性问题给实验结果带来的不确定性的影响，同时，结合对不舒适眩光生理机理的研究，能使人们对不舒适眩光的评价更加客观和准确。

（2）现有不舒适眩光的评估模型

基于心理物理法，国内外研究人员对不舒适眩光的评估模型进行了大量的研究，如表4-1所示。对于影响不舒适眩光程度的关键物理参数，在现有的不舒适眩光评估模型中，主要包括以下四类：

① 反映眩光源亮度水平的物理量：如光源在眼位处产生的垂直照度（E_l/E_d）；

② 反映周围环境亮度水平和人眼适应水平的物理量，如背景环境亮度（L_b/L_a）；

③ 反映眩光源发光尺寸的物理量：眩光源发光面积在眼位处形成的立体角（ω/ω_i）；

④ 反映眩光源与观察方向相对位置的物理量：如眩光源与视线的夹角（θ_{max}/θ_i）。

表4-1 具有代表性的不舒适眩光评估模型

应用场合	光源类型	量化指标	计算公式	来源
室内	人工光	GI	$GI = 10\log_{10}\left[0.5\cdot\sum\dfrac{0.9L_s^{1.6}\cdot\omega^{0.8}}{L_b\cdot P^{1.6}}\right]$	Hopkingson
		VCP	$M = \dfrac{0.5\cdot L_s\cdot Q}{P\cdot F^{0.44}}$ $Q = 20.4\omega+1.52\omega^{0.2}-0.075$ $DGR = \left(\sum M_n\right)^a,\quad a = n^{-0.0914}$ $DGR \xrightarrow{\text{查表}} VCP$ VCP表示参与评价的被试中认为照明条件舒适的比例	Lukiesh, Holladay
		GCI	$8\log_{10}\left(1+\dfrac{E_d}{500}\right)\dfrac{\sum\dfrac{L^2\omega}{P^2}}{E_i+Ed}$	Einhom
		UGR	$8\log_{10}\left(\dfrac{0.25}{E_b}\sum\dfrac{L^2\omega}{p^2}\right)$	Sorensen
	太阳光	DGI	$10\log_{10}0.478\sum\dfrac{L_s^{1.6}\omega^{0.8}}{L_b+0.07\omega^{0.5}L_s}$	Hopinson
		PGSV	$3.2\log_{10}L_w-0.64\log_{10}\omega+(0.79\log_{10}\omega-0.61)\log L_b-8.2$	Iwata

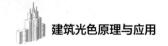

应用场合	光源类型	量化指标	计算公式	来源
室外（路灯或汽车前照灯）	人工光	de Boer rating	$G = 13.84 - 3.31 \cdot \log_{10} I_{80} + 1.3 \left(\log_{10} \dfrac{I_{80}}{I_{88}} \right)^{0.5} - $ $0.08 \log_{10} \dfrac{I_{80}}{I_{88}} + 1.29 \cdot \log_{10} S + 0.97 \cdot \log_{10} I_b + $ $4.41 \cdot \log_{10} h - 1.45 \cdot \log_{10} N$	de Boer, Schreuder
		CBE	$\mathrm{CBE}_{\mathrm{Tol}} = \dfrac{67.1}{L_b^{0.5}} \sum \left(\dfrac{L_i^{1.67} \cdot \omega_i}{8.8 \cdot 10^{-3} \cdot \theta_i^2 + 1.35} \right)$	Bennett
		de Boer rating	de Boer rating$=5.0-2.0\log_{10} \dfrac{E_1}{0.03 \cdot \left(1 + \sqrt{\dfrac{L_a}{0.04}} \right) \cdot \theta_{\max}^{0.46}}$	Schmide-Clausen, Bindels
		de Boer rating	de Boer rating$=6.6-6.41\log DG$ （眩光源视场角＜0.3°） de Boer rating$=6.6-6.4\log DG+1.4\log\left(50000/L_s\right)$ （眩光源视场角＞0.3°） DG$=\log\left(E_1+E_s\right)+0.6\log\left(E_1/E_s\right)-0.5\log E_a$	JD Bullough
		de Boer rating	$R_{\mathrm{deBoer}} = 3.45 - \log_{10} \left(\dfrac{(L_g \times \omega)^{2.21}}{L_b^{1.02} \times \theta^{1.62}} \right)$	Yandan Lin

由表4-1可见，目前的不舒适眩光的模型大多建立在心理量表的评测的基础上。如何提取表征特征光环境的参数表达式，在考虑上述四种关键参数之外将光谱特性加入模型中，研究具有不同光谱功率分布的眩光源对不舒适程度带来的影响，使得评估模型更加全面，是目前需要解决的一个关键问题。

4.4.3　反射眩光与光幕反射

高亮度的光源被光泽的镜面材料或半光泽表面反射到人的眼睛里，也会产生干扰和不适。这种反射在作业内部呈现时叫做"光幕反射"，在作业范围以外的视野中出现叫做"反射眩光"。

光幕反射是漫反射作业上叠加镜面反射的现象，就像给作业蒙上了一层光幕，减弱了作业与背景之间的亮度对比，致使人部分或全部看不清作业细节，降低了可见度。我们在看书或写字的时候（尤其是用铅笔写字），常常遇到这种情况。光幕反射会使字迹或画面的亮度大大提高，冲淡黑字与白纸间的对比，结果看上去一片片闪亮，模糊不清。

反射眩光在零售店和博物馆中尤其成问题。在这两种情况下，我们感兴趣的对象在一块玻璃的另一面。如果点亮不正确，我们会在玻璃的镜面上看到灯或灯具的反射。避免这个问题并不困难。照明镜面时，如玻璃和大理石（图4-5），请遵循以下四个步骤：

① 确定查看器的位置；
② 确定视角；
③ 确定镜子角度；
④ 将灯放在隐蔽区。

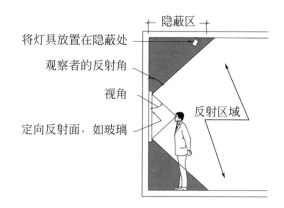

图4-5　避免光幕反射

4.5 透光方向与立体感营造

一个房间的照明，如果能将室内空间结构特征、室内的人和物清晰而自然地显现出来，这个光环境给人的感受就生动了。照明光线的方向性不能太强，否则会出现令人不愉快的生硬的阴影；但是光线也不应当过分漫射，以致被照物体完全没有立体感，造型平淡无奇。

在照明领域，"造型"这个词说明三维物体在光的照射下所表现的状态。它主要是由光的投射方向及直射光同漫射光的比例决定的。对一件造型艺术品的照明，可以通过选择适当的光源、调整灯光照射方向等手段反复试验，直到满意为止。但是一般建筑光环境设计没有这种优越条件，而且室内的人和物往往还是活动的（如在体育馆里进行球类比赛时不停活动的运动员和球），照明设备却相对固定。这就要求整个空间都能产生良好的造型立体感。

4.5.1 矢量/标量比

英国的Cuttle等人于1967年提出，以照度矢量与标量照度之比来定量表示照明的方向性效果，并证明这一比值能起到"造型指数"的作用。

照度矢量是对空间一点照明方向性的表述。它的量值等于在该点的一个小球

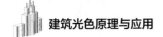

径面正反方两面最大的照度差：矢量方向是自高照度一侧指向低照度一侧。符号为 $\vec{E}$。

标量照度即平均球面照度 $E_{\&}$。

空间一点 $E_{\&}$ 是在该点的一个小球元面上的平均照度。因此，用半径 r 的小球接受光通量为 Φ 的一束光所获得的标量照度为：

$$E_{\&}=\Phi/4\pi r^2 \ (\text{lx})$$

而在半径 r 的元平面上获得的照度是：

$$E=\Phi/\pi r^2 \ (\text{lx})$$

在一个顶棚、墙、地面为漫反射材料，并用漫射光照明的房间里 $\vec{E}=1$，$\vec{E}/E_{\&}=0$。

在一个黑色房间里，光只从一个方向照来，这时 $\vec{E}=E$，在这样的条件下，造型指数 $\vec{E}/E_{\&}=4$。

因此，造型指数的数值是在 $0 \sim 4$ 之间。一般情况下 $\vec{E}/E_{\&}=1.2 \sim 1.8$ 时，造型立体感效果比较好。更详细的评价见表4-2。

表4-2 造型指数（$\vec{E}/E_{\&}$）与照明方向性质量评价

$\vec{E}/E_{\&}$（方向性强度）	照明方向性评价
3.0（很强烈）	对比强烈，看不清楚阴影中的细节
2.5（强烈）	有清晰的方向性效果，适用于商业上的陈列，人脸一般显得太生硬
2.0（中等）	有正式交往、或保持一定距离接触时，人的容貌感觉较好
1.5（较好）	有非正式交往、或近距离接触时，人的容貌感觉较好
1.0（弱）	对比柔和，较弱的光影效果
0.5（很弱）	平淡、无阴影，不能认为有方向性效果

此外，照度矢量 $\vec{E}$ 应当有向下斜照的方向（最好同下垂线成 45° ～ 75°），人的容貌才显得自然。

4.5.2 平均柱面照度与水平面照度之比（E_c/E_h）

平均柱面照度是某点各方向上平均垂直照度的量值，其定义前文已有介绍。

较好的造型立体感效果是在$0.3 \leqslant E_c/E_h \leqslant 3$的条件下达到的。

以E_c/E_h作为造型立体感的评价指标，不用另外规定光的照射方向。因为，当光线从上方向下直射时，$E_c=0$，$E_c/E_h=0$；当光线仅来自水平方向时，$E_h=0$，$E_c/E_h=\infty$，所以给出的量值已包含了光线方向的因素。

4.5.3 垂直照度与水平照度之比（E_v/E_h）

这是最简单的一种表达照明方向性效果的指标。为了达到可以接受的造型效果，在主要视线方向上，E_v/E_h至少应为0.25；获得满意的效果则需要0.5。

以上讨论的三个指标以$\vec{E}/E_\&$较为完善，但$\vec{E}$的计算相当复杂，难以得到准确的结果，这使它在设计中的推广应用受到限制。因此，第2种E_c/E_h的评价指标有较大的实用价值，它的计算和测量问题均已获得解决。

除造型立体感效果以外，光的方向性对作业可见度的影响也不容忽视．一般来说，平面型的作业采用方向性不强的漫射光照明容易获得较好的效果。因为这种照明只有很弱的阴影，不会造成干扰，而且能减轻光幕反射。不过，在需要检验表面质地或平整度，或者需要辨认像游标卡尺的读数这类微小凹凸的细节时，应当配合局部照明，以强烈的指向性光束掠射被照表面来提高作业细节的可见度。

4.6 建筑采光设计标准

《建筑采光设计标准》GB/T 50033—2013版经过全面修订已颁布实行。近年来伴随着能源危机，开发和利用天然光已日益引起世人的关注。天然光因其自身独有的特质和变化性越来越受到人们的喜爱，愉悦身心的同时还可以提高工作效率。不仅如此，天然光在减少建筑照明能耗方面已显现出重要作用。我国大部分地区处于温带，天然光充足，为利用天然光提供了有利条件。本标准的修订遵循充分利用天然光、创造良好光环境、节约能源、保护环境和构建绿色建筑的原则，在调查研究、模拟计算、实验验证，认真总结实践经验、参考有关国际标准和国外先进标准以及广泛征求意见的基础上完成。修订后的采光标准共分为7章和6个附录，主要技术内容包括：总则、术语和符号、基本规定、采光标准值、采光质量、采光计算和采光节能等。

第5章
天然光环境设计

5.1　天然光的作用

随着科技的进步，尽管很多环境的照明都可以通过人工来实现，但人们对天然光的热爱是任何照明都无法取代的。研究证明，天然光照明能形成比人工照明更健康、更优化的工作和生活环境。天然光可以有效地杀灭室内的细菌和微生物，防止潮湿、发霉；天然光充足的房间能增强人体的免疫力，对人的生理和心理健康都有着很大影响。将天然光引入室内，并且能够让人透过窗子看到室外景物，是保证人的工作效率高、身心舒适满意的关键因素（图 5-1）。

有调查显示，90% 的职员更喜欢在有窗户和可以看到外面的房间中工作，因为他们需要天然光和通风透气，希望了解外面的天气变化，希望有景观、能望远，认为没有窗户的房间令人难以忍受等（图 5-2）。这些事实表明了天然光线在室内外环境中的作用。

室内空间通过大量天然光源的采用，满足人们生理和心理上对天然光的需求。天然光是营造室内气氛、创造意境的重要手段。在城市高速发展，人工环境越来越充斥人类生活的空间，自然环境越来越稀少的今天，人们对大自然的渴望已成为强烈的需求，于是尽最大限度地利用天然光满足人们在生理层面上对天然光的依赖日显重要。因此，尽管当今的室内外人工光环境已占据越来越重要的地位，天然光仍然是光环境设计中最具表现力的因素之一。英国建筑师诺曼·福斯特说："天然光总是在不停地变化着，这种光可以使建筑富于特征，同时，在空间和光影的相互作用下，我们可以创造出戏剧性的环境。自然的光和影是最为丰富的语言和最为动人的表情，是造型表现不可缺少的元素。光和影能给静止的空间增加动感，给无机的墙面以色彩，能赋予材料的质感更动人的表情。"

图 5-1　天然光源的采用　　　　图 5-2　杭州良渚玉鸟流苏的窗户

天然光环境作为空间构成因素，烘托了环境气氛，表现了主题意境，满足了人们渴求阳光的心理。在这种创作观念下的设计手法主要表现为对天然光的利用和控制，即在特定的构思下利用人工手段来表现光影的形态、变化和色调，着意展示天然光与空间共同构图、相互映衬产生的艺术魅力。现代室内外设计通过采用新技术、新材料，在需要的时候，最大限度地将天然光引入室内环境，融进人们的生活空间，以满足人类对自然与生俱有的渴望和追求。

天然光作为大自然最基本的元素，为人们提供回归自然的可能性，保障了人们的健康。人类在古代仅仅用天然光、火光照明，实践证明，如果撇开其他因素，这种无污染的照明或许是人类繁衍生息、代代相传的最佳方式。人有自然属性，有向往大自然的天性。一个人如果长期生活在没有天然光照射的环境内，见不到阳光，很容易产生沉闷、压抑的心理感受，久而久之会出现抑郁症、恐惧症、骨疼症等疾病，其他更严重的疾病也可能接踵而来，而享受到阳光，采用日光照明，避免对生态的破坏会使人们感受到温暖、亲切，体会到人与自然的沟通与交流，这就满足了人们回归自然的心理需求。人类要保护地球的生态环境，就必须走可持续发展道路。同时，太阳光中的紫外线有强大的杀菌能力。紫外辐射可治疗皮肤癣、痤疮等疾病，对皮肤进行保护性染色。将皮肤暴露在阳光中，有助于复合维生素D和钙的吸收，一定量的日照对于防止人们的骨质疏松，特别是对于促进青少年的骨骼成长、防止出现软骨病有重要的意义。因此，目前各国的建筑设计规范，对住宅、医院、康复院、敬老院、幼儿园等的光照时间都有明确规定，目的是要保障人们的身体健康。

天然光为人类提供光亮及热能，它是人类取之不尽、用之不竭的最洁净、最安全的能源。充分利用天然采光，对于节约能源、减少碳排放有极大的现实意义。节约能源、减少碳排放是当前设计界助力全社会走可持续发展道路的大趋势。一般来讲，建筑能耗要占国家总能耗的30%～40%，而公共建筑的照明能耗要占到建筑总能耗的35%～45%。在眼下70%的电力依赖燃烧煤炭、煤炭资源又日益紧张的情况下，大量利用天然光，必然能降低电力消耗，减少二氧化碳排放，这是保护自然环境的一项重要措施。

5.2 天然采光限制因素

5.2.1 光气候特征

光气候特征主要指场地所处的纬度、太阳高度角、季节、时辰、天空云的状况、大气透明度和地面反射能力，以及光的照射状态是直射光、反射光还是散射光等。我国南方地区一般以散射光为主，北方地区则以直射光为主，但它们的总照度相差不大。

5.2.2 开窗面积

天然光是非常值得珍惜的，建筑开窗的一个重要功能就是采光。经窗玻璃入射的光线都有一定的衰减，一般只能保持原有天光的80% ～ 90%。大窗户能吸收更多的光线入室，但并不是说窗户越大越好。因为开窗的大小还涉及保温、隔热、节能、通风、除湿等功能，此外还有建筑立面的因素、人对私密性的要求等限制。

不能直接采光的黑暗房间是令人厌恶的，过去有无窗的工厂和办公室，原以为能使员工集中注意力，提高效率，但是事与愿违。不论人工光源怎么配置，都很难达到天然光那种柔和自然并令人身心舒畅的光效。长时间在黑暗房间中工作，人的心理会受到不良的影响。另一方面，过度依赖人工照明，还会带来能源的浪费。在全球提倡可持续发展的今天，能源问题日益受到人们的重视。

5.2.3 天然采光的调控

由于天然光是随着天体运行、阴晴雨雪的自然规律而变化的，故许多时候天然光不尽如人意，常需要对它进行适当调控。例如采用有色吸热玻璃、反射玻璃、半透明玻璃、定向透射玻璃对光量进行调控；在玻璃上镀铬或贴膜等控制直接日照；采用固定或者活动的遮阳板来减弱夏季阳光的强烈辐射和眩光效应；采用各种窗帘、百叶窗对采光进行调节。

5.3 天然光、窗户、玻璃

5.3.1 天然光与窗户

为了获得天然光，人们在房屋的外围护结构（墙、屋顶）上开了各种形式的窗口，装上各种透光材料，如玻璃、乳白玻璃或者磨砂玻璃等，以免遭受自然环境的侵袭（如风、雨、雪等），这些装有透光材料的孔洞统称为窗洞口（以前称为采光口）。窗的功能，第一是引进天然光线，第二是沟通室内外的视线联系，第三是用于控制自然通风。同时，也对建筑立面以及建筑节能产生重大影响。按照窗户所处的位置可将窗分为侧窗和天窗两大类，每一类都包含种类繁多的窗子式样。有的建筑兼有侧窗和天窗，称为混合采光。

（1）侧窗

在房间的一侧或两侧墙上开的窗洞口，是最常见的一种采光形式。侧窗由于构造简单、布置方便、造价低廉，光线具有明确的方向性，有利于形成阴影，且能避免眩光，对观看立体物件特别适宜，可选择良好的朝向和室外景观，通过它看见外界景物，扩大视野，故使用很普遍。但侧面采光只能保证有限进深的采光要求（一般不超过窗高两倍），更深处则需要人工照明来补充（图5-3）。同时，由于采光方式及墙角形式不同，室内有各种不同的暗角需要处理。一般侧面采光口置于1m左右的高度，有些场合为了利用更多墙面（如在展厅，为了争取更多展览面积）或为了提高房间深处的照度（如大型厂房等），将采光口提高到2m以上，称为高侧窗（图5-4）。天然采光大多采用侧面采光的方式。

图5-3 不同形状侧窗的光线分布

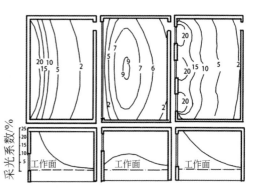

图5-4 不同侧窗位置对照度的影响

① 单侧窗。单侧窗有一系列的优点。主要优点是光线自一侧投射，光线有显著的方向性，能使人的容貌和立体物形成良好的光影造型。当工作位置与有窗的外墙相垂直分布时，有效避免了光幕反射和不舒适眩光。

单侧窗的采光效果：诸多因素造成了单侧窗采光房间的天然光照度随离开窗子的距离而迅速降低，照度分布很不均匀。在窗户附近能接受大面积的天然光直射，照度很高；在离窗远的地方，天然光减少，室内反射光占很大比例；而在天然光以外的区域仅靠室内反射光照明，照度往往不足，这就限制了单侧窗房间的有效采光进深。为了有较好的采光均匀度，单侧采光房间的进深一般不超过窗上沿高度的2.5倍。

单侧窗的常见形式：高而窄的侧窗、低而宽的侧窗、窗间墙、带形高侧窗、凸窗、角窗。

② 双侧窗。双侧窗的形式与单侧窗基本一致。双侧窗在阴天时，可视为第二

个单侧窗，照度变化按中间对称分布。但在晴天时，由于两侧窗口对着亮度不同的天空，因此室内照度不是均匀变化的，朝阳侧的照度高得多。

③ 高侧窗。高侧窗常用在美术展览馆中，以增加展出墙面，这时，内墙（常在墙面上布置展品）的墙面照度对展出的效果很有影响。随着内墙面和窗口距离的增加，内墙墙面的照度降低，并且照度分布也有变化。离窗口越远，照度越低，内墙照度值最高点向下移，并且照度变化趋于平缓。通过调整窗洞的位置，使照度最高值处于画面中心。

（2）天窗

① 矩形天窗 [图5-5（a）]。在公共空间及作业厂房中，矩形天窗的应用很普遍，它实际上相当于提高位置的成对高侧窗。在各类天窗中，它的采光效率（进光量与窗洞面积之比）最低，但眩光小，便于组织自然通风。

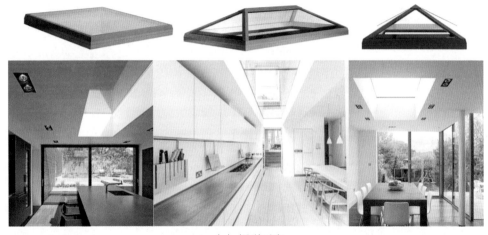

（a）矩形天窗

（b）锯齿形天窗

（c）平天窗

图5-5　天窗形式

② 锯齿形天窗[图5-5（b）]。锯齿形天窗的特点是屋顶倾斜，可以充分利用顶棚的反射光，采光效率比矩形天窗高15%～20%。当窗口朝北布置时，完全接受北向天空漫射光，光线稳定，直射日光不会照进室内，因此减少了室内温度的波动及眩光。根据这些特点，锯齿形天窗非常适用于纺织车间、美术馆等建筑。

③ 平天窗[图5-5（c）]。平天窗的形式很多，其共同点是采光口位于水平面或者接近水平面，因此，它们比所有其他类型的窗子采光效率都高得多，为矩形天窗的2～2.5倍。小型的采光罩更有布置灵活、构造简单、防水可靠等优点。平天窗采用透明的窗玻璃材料时，天然光很容易长时间照入室内，不仅产生眩光，而且夏季强烈的热辐射会造成室内过热，所以，热带地区使用平天窗一定要采取措施遮蔽直射天然光，加强通风降温。

5.3.2　天然光与玻璃

引入天然光的材料主要是玻璃，天然光透过玻璃射入室内，同时也把太阳辐射热带入室内。因此玻璃的选择不仅要考虑透光比的大小、透射光的分布，还要考虑玻璃热功能性。有空调设备的房间，减少玻璃的热辐射透过量，对于节能和节省空调设备投资具有重要作用。而利用太阳能取暖的房间，从玻璃透入的辐射量越多越好。现比较几种玻璃材料的性能如下。

（1）透明玻璃

透明玻璃应用最普遍，这种材料起隔绝风雨的作用，透过光线而不会明显地改变它的方向和颜色，同时从玻璃两侧来看都能有清楚的透视效果。为了减少玻璃的热传导，可以使用双层玻璃作为窗子的透光材料。最好把两层玻璃密封起来，两层玻璃中间形成一个6～10mm厚的空气夹层，以避免冷凝水和积灰尘。这种密封的双层玻璃结构，透光比减少10%左右，而传热系数减少约50%。

（2）有色吸热玻璃

吸热玻璃将大量太阳能吸收，然后又将其中一部分热能重新辐射并通过对流传到室外大气中去，因此减少了室内的吸热量。吸热量的大小决定于玻璃的性能，返回室外的热量在玻璃吸热中占的比例主要取决于室外的风速。着色的吸热玻璃，还起控制窗子视亮度的作用，但是，它的透光比会适当减少。装有这种玻璃的房间，白天向室外看，视域相当清晰，而从室外向室内看则大大减弱了清晰度。这类玻璃的颜色通常是中性灰色或者茶褐色，透过天然光颜色失真较小。

（3）反射玻璃

通过焙烧或者真空镀膜的办法，将薄薄一层金属或者金属氧化物附在玻璃上制成反射玻璃。它的反射能力主要是由涂层的厚度决定的。这种玻璃透光能力不差，透光比最高可以达到0.6，从室内可以透过反射玻璃看清室外景物，而从室外完全看不清室内任何东西，在反射玻璃上出现的只是天空与周围环境的镜像。因此，用反射玻璃做幕墙的大厦有一种特殊的艺术魅力，北京长城饭店就是这种镜面反射玻璃的幕墙结构。

（4）半透明玻璃

包括乳白玻璃、磨砂玻璃、花纹玻璃等。它的特点是隔绝视线、私密性强，有不同程度的散射光和热辐射能力，不过漫射能力较好，透光率比较小。在天然光的照射下，有些半透明玻璃的表面亮度很高，需要附加亮度控制。

（5）定向透射玻璃

这类玻璃通过折射来改变入射光的方向，使光投射在房间深处。属于这类材料的有棱镜玻璃、塑料和定向透光玻璃砖等。要注意，按照玻璃的安装部位（水平的还是竖直的）选择合适的产品，否则会由于光在玻璃表面上的投射角度改变而达不到预期的折光效果。

5.4 天然光环境设计

5.4.1 设计原则

"实用、安全、经济、艺术及节能"是室内光环境设计的基本原则。

所谓"实用"，是指照明应保证规定的照度水平，满足工作、学习和生活的需要，设计应从整体环境出发，全面考虑光源、光质、投光方向和角度的选择，使室内活动的功能、使用性质、空间造型、色彩陈设等与其相协调。灯具的类型、照度的高低、光色的变化等都应与使用要求相一致，以取得整体环境效果。

所谓"安全"，是指一般情况下，线路、开关、灯具的设置都需有可靠的安全措施，诸如分电盘和分线路一定要有专人管理，电路和配电方式要符合安全标准，不允许超载，在危险地方要设置明显标志，以防止漏电、短路等，避免火灾和伤亡事故的发生。

"经济"包含两个方面的意义：一方面是采用先进技术，充分发挥照明设施的实际效益，尽可能以较小的费用获得较大的照明效果；另一方面是确定照明设施是否符合我国当前在电力供应设备和材料方面的生产水平。照明装置本身具有装饰空间、美化环境的作用，特别是对于强调灯光效果的装饰照明，设计上更应追

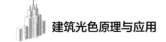

求丰富的空间层次，达到美的意境。但是，在考虑美化作用时应从实际情况出发，注意节约。

"艺术"是指在一定照明措施下，照明可以增加空间的层次和深度，光影的变化能使静止的空间生动起来，创造出美的意境和氛围。照明设计时应正确选择照明方式、光源种类、灯具造型及体量，确保光的投射角度及投射范围符合空间需要，同时处理好灯光与色彩的关系，以取得改善空间感及增强环境艺术效果的目的。

"节能"即照明节能，要求设计者在设计构思阶段就要把降低能耗、易于拆卸、再生利用和保护生态环境作为标准。照明节能主要包括两个方面：其一，照明节能需要最大限度地利用建筑原有采光条件，优化天然光照明系统；其二，在照明节能中充分考虑"绿色照明"设计的各项有效措施。一般情况下照明节能可以通过选用电光转换效率高的光源产品、高效率的灯具，以及配合恰当的光源、低电能损耗的照明电器、合理的照明供电系统、合理的照明控制系统等多个方面的多种手段来达到照明节能的目的。

5.4.2　采光质量

（1）采光均匀度

视野内照度分布不均匀，易使人眼疲乏，视觉功效下降，影响工作效率。因此，要求房间内照度分布应有一定的均匀度（工业建筑取距地面1m，民用建筑取距地面0.8m的假定工作面上的采光系数的最低值和平均值之比，也可认为是室内照度最低值与室内照度平均值之比）。故标准提出顶部采光时，Ⅰ～Ⅳ级采光等级的采光均匀度不宜小于0.7；侧面采光时，室内照度不可能做到均匀；顶部采光时，Ⅴ级视觉工作需要的开窗面积小，较难照顾均匀度，故对均匀度均未做规定。

（2）窗眩光

侧窗位置较低，对于工作视线处于水平面的场所极易形成不舒适眩光，故应采取措施减少窗眩光；作业区应减少或避免直射阳光照射，不宜以明亮的窗口作为视看背景，可采用室内外遮挡措施降低窗亮度或减小对天空的视看立体角，宜将窗结构的内表面或窗周围的内墙面做成浅色饰面。

（3）光反射比

为了使室内各表面的亮度比较均匀，必须使室内各表面具有适当的光反射比。例如，对于办公楼、图书馆、学校等建筑的房间，其室内各表面的光反射比宜符合表5-1的规定。

表5-1　室内各表面的光反射比

表面名称	反射比
顶棚	0.6 ～ 0.9
墙面	0.3 ～ 0.8
地面	0.1 ～ 0.5
作业面	0.2 ～ 0.6

在进行采光设计时，为了提高采光质量，还要注意光的方向性，并避免对工作产生遮挡和不利的阴影；如果在白天时天然光不足，应采用接近天然光色温的高色温光源作为补充照明光源。

5.5 天然光的控制与调节

根据工作照度的最低限度的要求确定了开窗面积之后，常常会发现采光质量不够理想。例如，晴天时直射日光照进室内造成强烈的眩光，增加室内的热负荷，同时也加重了室内视亮度分布的不均衡。因此，在某些情况下，特别是对朝南、朝西的窗子和平天窗，还要装设遮阳设备，或采取折光、隔热措施来控制和调节光线，一般常用的方法如下。

（1）利用透光材料本身的反射、扩散和折射性能控制光线

最简单的办法是在透明玻璃上涂薄薄的一层油漆，或是挂上透明的窗帘来遮挡直射日光。也可以在窗子上装磨砂玻璃或者折光玻璃，最好是在采光口的上部镶嵌玻璃砖（图5-6），它能将入射日光折射到顶棚上，从而增加房间深处的反射

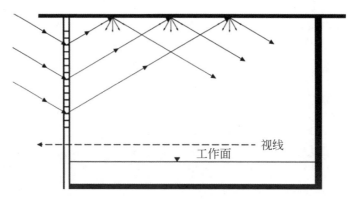

图 5-6　玻璃砖折射光

光照度。采光口下部相当于视线高度处，应设透明玻璃窗以沟通室内外视野，并进行自然通风。要注意，半透明的材料（如磨砂玻璃）在日光照射下可能有相当高的视亮度，同时它隔绝了对外界的视线，因此并不是很理想的控光材料。

（2）固定的遮阳板、遮光格栅、遮光隔板

它们不但能遮阳，减少进入室内的太阳辐射热，还能起调节天然光分布的作用。图5-7是一种水平搁板式的遮阳板，它置于靠窗位置遮住大部分天空，减轻了明亮的天空和日光所造成的直接眩光，同时降低较多的照度；对于离窗远的地点，遮阳板的挡光角度范围不大，却可以增加一些来自遮阳板的反射光，结果，室内照度分布均匀度反而改善了。

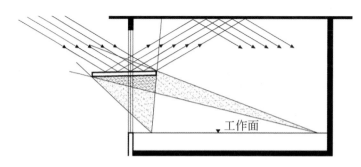

图5-7 水平搁板式遮阳板

遮光格栅和遮光隔板（大尺寸）主要用于天窗，遮挡自天窗射入的日光，并且使室内的人在正常视域内看不见明亮的天空，以减轻眩光。通常是把它们设在室外，这样对减少进入室内的热辐射有利，同时也能起保护采光窗的作用。

（3）活动的遮阳板或遮阳百叶

能随天气变化和太阳位置的移动而调节遮阳角度，从全开敞以至全封闭，控制光线的灵活性较大，节能效果好。

活动遮阳设备有用手操作和机械操作两种类型。用手调节的遮阳设备构造简单、成本低，但是操作费力，而大多数人往往不会在最适宜的时间调节它们，这就降低了节能效益。手调的活动百叶适用于家庭、较小的建筑物或对控制直射日光要求不大严格的大建筑物内。

机械控制的遮阳系统，安装成本高，但是易于操作，有更大的节能潜力。这种系统特别适用于大型建筑物或不容易靠近遮阳设备的场所。由于电子遥控技术的发展和鼓励节能的大环境，现在已经研制出多种新型的、复杂的自动控制遮阳系统。先进的系统能连续控制遮阳板，使它恰好将太阳的直射光束阻挡在窗洞范围以外。当不需要遮阳时，它们就自动地完全敞开。这类系统还控制着电气照明的自动调光，使灯光和天然光的配合始终处于最优状态。

（4）特殊的控光设施

近年来，对于将更多的昼光引进室内的特殊办法，进行了许多研究，并且出现了一些以此为主要目标的建筑设计。这些设计有三个主要目的：第一，增加室内可用的昼光数量；第二，提高离窗远的区域的昼光的比例；第三，使不能接受到天然光的地方也能享受到天然光照明。

已经提出的方法如下。

① 利用镜面反射，将日光反射到需要的空间。通常将这种平面的或曲面的装置设在窗外侧的中上部位置，也可以同遮阳设备合为一体。

② 通过设在屋顶上的定日镜跟踪太阳，将获取的日光汇聚成束，通过光学系统的多次反射、折射后，引入需要的空间，再经过漫射供室内环境照明，常用作地下室的天然光照明。通过光导纤维或者输光管道，将日光传送到需要照明的空间，甚至可以借助光导纤维"看"到室外景物。这种用于建筑照明的光导纤维，要能有效地长距离传送高度集中的光通量才行。

5.6　采光实例

5.6.1　天然光的艺术效果

天然光是建筑设计中不可缺少的重要元素之一，建筑设计师从建筑设计开始就已把光考虑到整体设计中。柯布西耶在被称为近代建筑的宣言书的《走向新建筑》中说："建筑的要素是光和影、壁体和空间。"光以它的神奇作用不但满足了建筑在功能上的需求、增加了建筑艺术上的魅力，同时天然光的变化无穷还丰富了人们的心理，带给人们精神上的力量。从古埃及的神庙到13世纪的哥特式教堂再到现代建筑，天然光一直在建筑中发挥着它的重要作用。它不但给予建筑空间

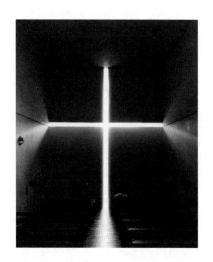

图 5-8　光之教堂

灵魂，而且把不同建筑表皮的肌理美展现在人们面前。

安藤忠雄的作品中，我们能看到他不仅对自然元素中的光情有独钟，而且还是清水混凝土材质运用大师。在30多年的建筑实践生涯中，他一直致力于在作品

中表现最基本的自然要素——光与建筑空间的完美交融,乃至营造一种戏剧性的效果,而其最突出的设计手法便是:利用单纯的混凝土材料和几何化的空间组合创造大面积的明暗对比和富有动感的光影变化,特别是用黑暗来反衬光的魅力和场所的意义。安藤喜欢用混凝土是因为他能够充分理解这种材料的属性及其抽象的美学价值。正如他的作品《光之教堂》(图5-8),在建筑表皮上开洞口,这时的光涌入空间后削弱了照明的意义,突出了象征的意义。光与建筑材质的配合,使得建筑不但满足功能上的需要,还表现出艺术上的魅力。但在住宅建筑中,人们往往不太喜欢清水混凝土给人的过于凝重灰冷的感觉,更倾向于选择质感和色彩更为亲近、温和的材料。于是出现了采用对混凝土进行着色并浇制出纹理的方法,使建筑表皮看起来细腻温和,表皮上的纹理和色彩在光的照射下形成细腻的光影变化和微妙的感觉差别。

5.6.2 天然光的技术运用

5.6.2.1 建筑及周边环境的分析

建筑物在其设计阶段就应该考虑昼光的优化使用问题,以保证有足够的光线进入建筑物的内部,并且不被邻近的遮挡物所阻隔。根据使用和控制太阳光的需要,应该评估太阳的轨迹路线,不同的地域需要不同的方法以解决太阳辐射传入室内的问题,它可能影响结构遮阳的设计。

5.6.2.2 采光窗口

在进行天然采光设计时,建筑物的采光窗口也要作为重要的考虑因素。窗户尺寸与比例的设计是天然采光的中心问题,早期的预见需要设计师进行反复的评价。

(1)窗户的主要类型

窗户的主要类型见表5-2。

表5-2　窗户的主要类型

名称	特点
垂直窗	垂直窗是安装在实墙上的窗户,窗户的高度大于宽度。这是最常用的窗户类型。垂直窗给予内部竖向强调的造型,传播到内部的昼光数量和位置与空间的进深与顶棚高度有关。光线分布受到窗户个数与窗户宽度的影响(图5-9)
水平窗	水平窗的自然延伸就是窗户占据建筑的周边并且墙变成窗。这种窗加上适宜的天然光线能给予空间适宜的天然采光,满足使用者的环境需求(图5-10)
窗墙	窗墙可形成立面各层的最大的部分,只在地板拱肩处分开。现在它们通常用在多层建筑,框架结构给予窗墙很大的灵活性(图5-11)

名称	特点
天窗	对大跨度建筑及不适宜做周边窗户的建筑，使用天窗能更好地利用天然光，取得有益的光照效果（图5-12）
暗窗	隐藏窗户，构成一种不易识别采光光源的采光方法，或者可被视为开口处被构造屏蔽而允许光线进入的窗（图5-13）

图5-9　现代小区垂直窗

图5-10　萨伏伊别墅水平窗

图5-11　公寓窗墙

图5-12　苏州博物馆天窗

图5-13　巴兹尔·斯宾思设计的英国考文垂大教堂祭坛的暗窗

（2）确定采光窗口

窗户尺寸与比例的设计是天然采光的中心问题，窗户的设置必须使建筑物获得适宜的采光系数。采光系数是采光设计中采光量的评价指标。由于室外照度是经常变化的，必然会引起室内照度的相应变化。因此，对于采光量的要求，也不可能固定在某一值，而是采用相对值，即采光系数 C。

在确定采光窗口的玻璃面积及位置时，首先需要通过计算或查阅法规确定平均照度值或采光系数。平均采光系数给出房间昼光全部量度标注，当平均采光系数是5%时，房间内将有很好的采光；当工作区域采光系数是2%时，大部分时间需要人工照明作补充；当家庭环境采光系数是2%时，光线非常适宜。

另外，通过所设计的空间画出剖面图是非常有帮助的。剖面图要画出外部的遮挡，从遮挡物的顶部向下与窗口顶端的连线和地板"无天空线"的点相交，这个点遮断了任何直接光，在这里可能需要人工照明来补充昼光的不足。图5-14说明在建筑内部由于外部的遮挡物形成的划分线，人们看不到划分线外的天空。它很好地说明房间是否得到足够的天空光，以保证在白天整个房间是天然采光。相反，在一些侧面采光形式中这种说法也可能是错误的。这些决定与白天人工照明的需要及所有能量的使用有关。

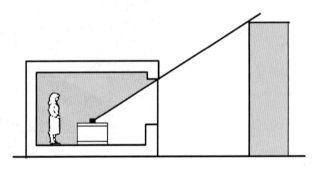

图5-14　无天空线

5.6.2.3　玻璃窗系统

每一类玻璃窗系统都有自己的特性，设计时不仅要考虑空间内所创造的内部视觉环境，而且要充分考虑玻璃窗系统本身。按照天然采光的性质划分，玻璃窗系统可分为以下几种。

（1）用于天然采光的玻璃窗系统

其特点是对外界的景象不变形或极少变形，主要用于控制温度以及减少外界噪声对建筑物内部空间的影响，常用的有单层玻璃窗系统和双层玻璃窗系统。

单层玻璃窗系统，可用厚玻璃，以加强噪声控制。双层玻璃窗系统，早期系统由于玻璃之间的密封不好而失败。若环境存在严重的噪声问题，窗侧玻璃之间的墙面可以安装吸声材料，并且可以在两层玻璃之间安装电控百叶帘以控制太阳传入的热量和眩光。

（2）具有特殊镀膜的玻璃窗系统

其特点为能够减少太阳传入建筑内部的热量，但同时也会减少光线的透过量，有时也会使景象的颜色失真。通常镀膜是暗的，给人以内部私密性的感觉，但是这种特殊镀膜的玻璃使室内的颜色失真，昼光的感觉也减少了，如图5-15（下）所示。

（3）智能玻璃窗系统

其特点是通过使用减少昼光的进入及不同的景观视觉效果的控制方式，来减少太阳辐射热的传入，常见的智能玻璃系统见表5-3。

表5-3 常见智能玻璃系统类型特点

名称	特点
光敏玻璃	由外向内光线的投射率依外面状况而变化，即按所接受紫外线的多少而改变
热敏玻璃	依外界的温度变化而改变玻璃的光学特性，因此昼光能进入
电控玻璃	由不同层的玻璃和其他元素构成，其光学特性的改变是靠电流的传导

图5-15 清楚的昼光景象（上）与通过改良颜色玻璃的景象（下）相对比

（4）遮阳系统

遮阳系统如图5-16所示。

在建筑内部设置的百叶帘，在控制太阳传入的热量上效果不大，但它的构造简单，并能由使用者直接控制。

在两层玻璃之间安装的板条百叶窗或威尼斯百叶窗，最适宜控制太阳光或天空眩光，但它在使用时容易阻隔向外的景观，从长期维护的角度来看，既有优点又有缺点。

在建筑外部设置的遮阳系统对太阳透过的热量隔绝有极大作用，对建筑的外观也具有标识性。这种遮阳系统必须结构坚固、加工细致，以便抵御外部环境变化，同时也要注意维护问题。由丹麦著名建筑事务所3XNielsen设计的FIH丹麦

（a）克兰菲尔德大学图书馆的遮阳系统　　（b）FIH丹麦工业投资银行的遮阳系统

图5-16　新型遮阳系统

工业投资银行就采用了先进的遮阳系统，建筑外表由三种物质组成，每种都为一层高，包括内外两层。内层为玻璃面板并交替着同等高度、相同数量的红棕色砖块面板；外层为铝合金，百叶层由水平方向框架固定，带有可调节的金属百叶条，并能自由在水平方向滑动。百叶层尺寸与内层玻璃面板以及砖块面板相协调，并准确地在它前面滑动。滑动调整由感光器自动进行调节：阳光直射时，百叶层滑行至窗前，并阻挡阳光直射，金属百叶条间的空间提供水平视野；在无阳光时，百叶层会自动从窗前移开，并停留在砖块面板前。这创造了建筑两种截然不同的外表——铝合金与窗户结合或砖块与铝合金结合。百叶层的单元是由人为手动随意控制，则充分体现外表的随意性。当百叶层被关闭时，窗户仍然可以开启进行自然通风。这种充分利用天然光并有效根据内部需要调节光线的做法，大大降低了能源消耗。

5.6.2.4　新型采光系统

　　前面已经介绍了玻璃窗系统的几种类型，每一种都有其特性。重要的是不仅仅考虑空间内所创造的视觉环境，而且还要特别考虑玻璃窗系统，例如反光玻璃，对邻近建筑的影响。任何玻璃窗系统都会有一些构造问题，特别是将光线重新分布的新型采光设计，或者为了解决太阳辐射热传入室内的新型采光系统。

　　目前，在空间内得到昼光的方法正在不断地被开发出来。在一些特殊情况下，天然采光设计也可以考虑使用新型的采光系统，如反光板、棱镜玻璃等。同时昼光也能够用屋顶上装有玻璃的开门通过分光系统将昼光用导光管导入或直接传入，如图5-17，图5-18所示。

　　建筑中的天然采光所带来的变化和情趣是很难用其他方法得到的。因此在坚持照明节能设计的前提下，对天然采光的设计和合理应用是极其重要的。

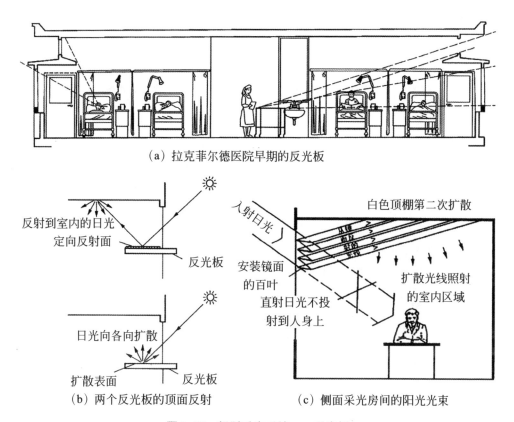

（a）拉克菲尔德医院早期的反光板

（b）两个反光板的顶面反射

（c）侧面采光房间的阳光光束

图 5-17 新型采光系统——反光板

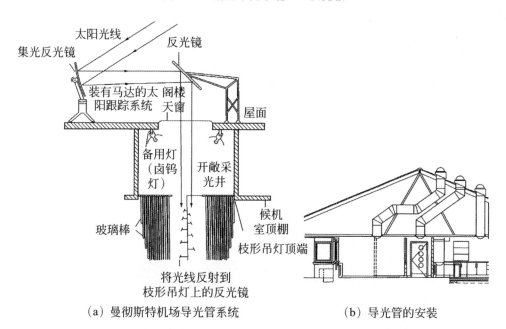

（a）曼彻斯特机场导光管系统

（b）导光管的安装

图 5-18 新型采光系统——导光管

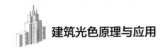
5.7 光环境模拟软件的分析对比和实例的分析

5.7.1 光环境模拟软件的分类与应用领域

由于软件在设计定位时，其分析的对象、所使用的阶段和使用者有所不同，因此不同软件之间有很大的差异。有的适合于项目前期概念设计阶段，有的适合于深化设计阶段；有的适用于建筑师，有的适用于工程师，还有的适用于研究人员等。另外，其主要功能也有一定的差异，有的适合于进行日照和遮挡分析，有的则侧重于采光计算；有的只给出计算图表，有的则同时提供具有真实感的渲染图形。

从模拟对象和功能来看，光环境模拟软件可应用于以下各种场合。

（1）窗系统和采光系统模拟

窗系统或采光系统的采光性能对于天然光环境有着直接的影响，而随着技术的发展，窗系统越来越复杂，新的采光系统也不断出现，如中空百叶窗、光导管和反光板等，这类系统的光学性能如何，以及对于光环境有何影响都难以根据传统的经验判断，往往需要通过模拟计算才能了解。比如美国的劳伦斯伯克利国家实验室（LBNL）开发的 WINDOW 软件可对复杂窗系统的光热性能参数进行计算分析，加拿大 NRC 开发的 SkyVision 软件可应用于光导管的效率分析，也可对简单的顶部采光方案下的室内采光及照明进行模拟计算。

（2）遮挡与日影分析

随着人们对采光权的重视，需要对相邻建筑之间的遮挡进行计算分析。目前，国内出现了很多专业的日照分析软件用于分析相邻建筑之间的遮挡，并可对建筑的日影变化状况进行计算和模拟。如清华大学开发的 Sunshine 建筑日照分析软件可对建筑日照时数进行精确的计算，并提供了多种技术手段，便于使用者对设计方案进行调整。

（3）光环境参数设计计算

在一般的分析中，工程师大多采用软件对采光系数、照度和亮度等参数进行分析计算，看其是否符合手册和标准的要求。可用于光环境参数设计计算的软件较多，有的根据手册编制，需要用户输入简单的参数，可计算一些简单方案；有的则提供了 CAD 建模手段，可处理较为复杂的建筑方案。

（4）光环境的模拟与仿真

对光环境的模拟不仅仅局限于计算照度、亮度和采光系数等参数，某些情况下还需要通过模拟生成真实感的渲染图形作为直观的参考，或者需要对眩光或者视觉舒适性进行分析。这类软件包括Lightscape和Radiance等。

（5）照明能耗分析

随着对建筑节能的重视，人们对照明节能也越来越关注。通过使用软件可以对照明节能情况进行分析计算，从而比较采用不同的采光系统、照明产品以及控制策略对于能耗有何影响，有利于设计人员优化和选择合理的方案。这类软件有SkyVision和Daysim等。

5.7.2 几个主要的天然光光环境模拟软件

（1）WINDOW

WINDOW（20世纪80年代～）是由美国劳伦斯伯克利实验室（LBNL）开发的专门用于窗系统光热性能模拟的软件。如图5-19所示，WINDOW软件有着庞大的玻璃数据库，涵盖了世界上主要的玻璃生产企业的产品，使用者可从中选择玻璃自由组合窗系统，窗框和分隔条以及夹层气体也可以从相应的数据中选取。使用者可根据工程的要求选择或者自定义室内外环境参数，对窗系统的光热性能

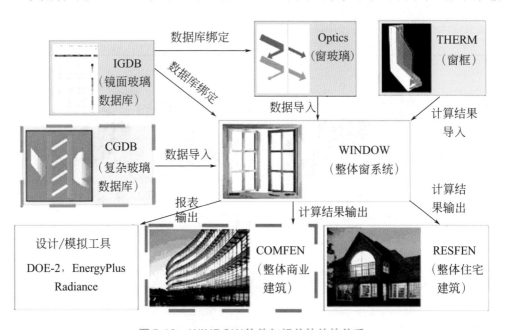

图5-19 WINDOW软件与相关软件的关系

参数进行计算，对不同的窗系统进行分析对比。另外，从WINDOW6.0开始，还提供了遮阳百叶的数据库，并提供了各种遮阳百叶构造，可对外置百叶、中间百叶和内置百叶的窗系统进行分析计算。同时，WINDOW还具有丰富的数据接口，其玻璃数据库通过IGDB更新或者从Optics中导入，而窗框的传热计算结果可由THERM完成，WINDOW的输出结果可提供给DOE-2、EnergyPlus、Radiance，作为进一步模拟计算的参数。

WINDOW软件在窗系统设计及应用中具有较高的实用价值，玻璃及门窗生产企业可利用其进行产品设计，设计人员可利用其对不同窗系统进行分析对比，而NFRC机构将其作为门窗节能标识的计算软件。由于其完全免费，数据库更新快，在世界范围内得到了广泛认可和应用。

（2）Sunshine

Sunshine软件是由清华大学建筑学院CAAD教研室开发的建筑日照分析软件，是AutoCAD的外挂模块。其主要功能是对建筑日照进行全面的分析，软件向使用者提供了便利的建模方法和多种日照分析手段，包括天空图法、日照圆锥面法、日照等时线法、返回光线法及阳光通道法五种方法，同时可将计算结果输出到数据库。软件采用了解析法和优化方法求解，极大地提高了日照分析的速度和精度。在软件的管理版中，提供了日照约束下容积极限计算模块，该模块采用遗传算法，可对周边有日照约束条件下的地块极限容积体进行优化求解。另外，软件还提供了玻璃幕墙一次反射光计算模块，可对玻璃幕墙的有害光反射对周围环境和建筑的影响进行模拟分析和计算（图5-20）。

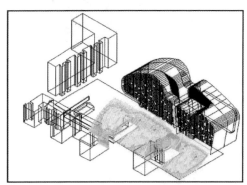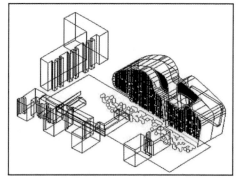

图5-20　玻璃幕墙有害反射光的模拟

（3）Radiance & Desktop Radiance

Radiance软件是由LBNL开发的基于物理真实模拟的光环境软件，包括超过50个工具程序，可对天然光和人工照明条件下的光环境进行精确模拟。其核心算法采用了随机的蒙特卡洛采样和反向的光线追踪算法，在可接受的时间内获得较为满意的计算精度。计算时对于光线的处理可分为直射、镜面非直接和漫射非直接三部分，为了提高渲染的效率和精度，将窗户、天窗等作为二次光源处理（图5-21）。

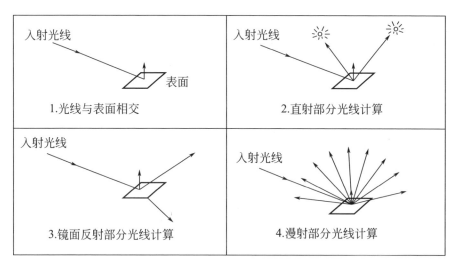

图5-21　Radiance对光线的处理

　　使用Radiance软件模拟前需要建立场景的3D几何模型，输入灯具参数和材料性能参数。建立模型后，程序将输入数据编译成OCTREE的文件，用于光线追踪分析。建模的对象可以是多边形、球体、锥体、圆柱体或圆环，材料可定义成多种类型，如自发光、塑性、金属或玻璃等，人工光源的模型可通过生产商提供的光度分布数据建立。其先进的算法可以分析像遮光板之类的间接光学系统，并进行复杂场景的仿真模拟。图5-22给出了Radiance软件渲染的图像实例。

图5-22　Radiance软件渲染的图像实例

由于Radiance软件在Unix系统上开发，也没有交互式界面，使用非常复杂，一般只有专业人员才能掌握。但由于其开放了源代码，使用者可以在其基础上进一步开发，以其作为核心的软件有ADELINE、Desktop Radiance和Rayfront等。研究人员通过实测和模拟对比，在保证模型和材料参数精度的条件下，其计算误差可控制在20%以内，部分情况下甚至可以优于15%。

（4）Ecotect

Ecotect是一个全面的技术性能分析辅助设计软件。使用者首先建立直观、可视的三维模型，然后根据建筑的特定情况，输入经纬度、海拔高度，选择时区，确定建筑材料的技术参数，即可在该软件中完成对模型的太阳辐射、热学、光学、声学、建筑投资等综合的技术分析。该软件操作界面友好，与建筑师常用的辅助设计软件SketchUp、3ds Max、AutoCAD和Archicad有很好的兼容性，3DS、DXF格式的文件可以直接导入，而且软件自带了功能强大的建模工具，可以快速建立模型，分析过程简单快捷，结果直观。该软件除了具有以上特点外，还提供了一种交互式的分析方法，可随着设计的深入提供详细的分析结果，预测不同设计方案的效果。该软件的设计定位为建筑师的辅助设计工具，为了能对设计方案进行快速定性分析，软件采用了一些简化的算法。比如，在进行采光系数计算时采用了BRE天空，对于室内的反射使用相对简单的公式计算，没有考虑多次反射。为了能够精确模拟计算，软件提供了丰富的数据接口，在需要精确计算时可以将模型导入到Radiance和Daysim软件中进行深入分析。图5-23给出了Ecotect软件的界面与分析结果显示。

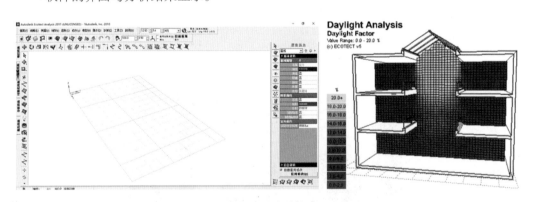

图5-23　Ecotect软件的界面与分析结果

（5）Daysim

由加拿大NRC-IRC的Christoph Reinhart等开发的Daysim软件利用Radiance软件作为计算核心，可利用全年的太阳辐射数据，通过设定各种照明控制模式计算全年的照明能耗。该软件没有建模界面，但可以读入一些常用软件生成的文件，如 3ds Max、AutoCAD、SketchUp 和 Ecotect 等（图 5-24）。软件的 Lightswitch 模块提供了照明控制方式，可分析天然采光和照明相结合时的照明能耗，从而用于节能分析。

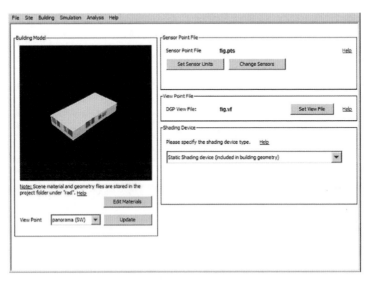

图 5-24　Daysim 界面

5.7.3　软件的比较与评价

由于上述几种软件的功能和用途不同，很难进行直接的比较。本节主要从软件性能和应用领域等方面对上述软件进行综合的评价与比较，作为使用者应用时的参考（表 5-4）。通过对各软件的比较分析可知，由于模拟对象和计算方法不同，不同软件有着各自的应用领域和使用对象。

表 5-4　光环境模拟软件的横向比较

软件	软件性能						应用领域	使用者
	计算能力			易用性	数据接口	可扩属性		
	核心算法	计算速度	计算精度					
WINDOW	有限元，辐射度	快	高	好	图形界面，支持数据库	—	窗系统模拟分析	设计人员，工程师
Sunshine	解析法，遗传算法	快	高	好	CAD建模，支持数据库	—	遮挡与日影分析	设计人员，工程师

续表

软件	软件性能						应用领域	使用者
	计算能力			易用性	数据接口	可扩属性		
	核心算法	计算速度	计算精度					
Radiance	蒙特卡洛采样，反向光线追踪	慢	高	差	rad文件输入，data、pic文件输出	好	光环境的模拟与仿真	设计人员，工程师
Ecotect	光通量法，简单公式	快	低	好	建模，支持数据库	—	遮挡与日影分析，光环境的模拟与仿真	设计人员，工程师
Daysim	Perez sky模型，Skartveit-Olseth模型	中	高	中	图形界面，图形文件输入	—	照明能耗分析	设计人员，工程师

根据表5-4可以得出以下结论。

WINDOW软件在复杂窗系统的模拟上功能强大，如只关注窗系统本身的光热性能，Optics+THERM+WINDOW的组合就可以胜任；若需要了解复杂窗系统对于室内环境的影响，则可将WINDOW的分析结果输入到Radiance等软件中做进一步的分析。

在进行日照模拟阴影分析等领域，Sunshine软件的功能强大，由于其提供了灵活方便的建模手段，很适合设计人员使用。

Ecotect软件功能较为全面，但由于采用了简化算法，计算速度快、精度差，适用于辅助建筑设计，当需要精确计算或渲染时，可将模型导入到Radiance或Daysim软件中。

Radiance软件功能强大，但使用复杂，非专业人员难以掌握，当需要对复杂场景进行模拟和渲染时，其强大的可扩展性和精确性具有显著的优势。

Daysim软件主要应用于建筑全年的采光动态分析和照明能耗计算等领域。

第6章
人工光环境设计

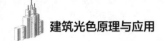

6.1 设计内容及步骤

传统的照明设计，以工作面达到规定的水平照度为设计目标，忽视光环境的质量。现代光环境设计主张无论是进行视觉作业的光环境，还是用于休息、社交、娱乐的光环境，都要从深入分析设计对象入手，全面考虑对照明有影响的功能、形式、心理和经济因素，在此基础上再制定设计方案，进行计算与评价。

照明设计还应充分发挥照明设施的装饰作用。这种装饰作用不仅表现在灯具本身的点缀和美化作用上，而且通过照明灯具与室内装修、构造等的有机结合，以及不同的照明构图和光的空间分布，还可以形成和谐的艺术氛围，对人们的情绪产生影响。

6.1.1 照明设计的基本原则

"安全、适用、经济、美观"是照明设计的基本原则。

（1）安全性

照明设计必须首先考虑设施的安装、维护和检修的方便、安全和运行的可靠，防止因短路、漏电等造成火灾和伤亡事故的发生。

（2）适用性

指能提供一定数量和质量的照明，保证规定的照度水平，满足工作、学习和生活的需要。灯具的类型、照度的高低、光色的变化等，都应与使用要求相一致。

（3）经济性

在工程设计中，确定照明设施时，要符合我国当前的电力供应、设备和材料方面的实际生产水平，尽量采用先进技术，充分发挥照明设施的实际效益，降低经济造价，以较少的费用获得较好的照明效果。在光源和灯具的选择上要充分考虑高效节能。新的国家标准《建筑照明设计标准》GB 50034—2013对房间和场所的照明功率密度值进行了严格的规定，除住宅外，其他建筑必须强制执行。

（4）美观性

照明装置具有装饰房间、美化环境的作用，特别是对于装饰性照明，更应有助于丰富空间的深度和层次，显示被照物体的轮廓，表现材质美，使色彩和图案更能体现设计者的意图，达到美的意境。因此，要正确选择照明方式、光源种类和功率、灯具的形式及数量、光色与灯光控制器，体现灯光与室内空间的艺术美。

6.1.2　照明设计的主要内容

① 确定照明方式和照明种类。

② 选择光源和灯具类型。

③ 进行照度计算、负荷计算，确定光源的安装功率。

④ 选择供电电压和供电方式。

⑤ 确定照明配电系统。

⑥ 选择导线和电缆的型号、截面和敷设方式。

⑦ 选择配电装置、照明开关和其他电器设备。

⑧ 绘制照明平面布置图，同时汇总安装容量，列出主要设备和材料清单。

6.1.3　照明设计的主要程序

6.1.3.1　明确照明设施的用途和目的

（1）明确环境的性质

① 确定室内空间的使用目的和用途，具体工作地点的分布，在室内进行的作业与其频繁程度、重要性等，如确定室内空间为办公室、商场、阅览室等。

② 了解室内空间的大小、形状、风格，室内各界面的质地与反射比，照明与家具陈设等的关系等相关问题。

（2）确定照度设施的目的

确定需要通过照明设施所达到的目的，如各种功能要求及气氛要求等。

6.1.3.2　明确适当的照度和色温

根据照明的目的确定适当的照度，根据活动性质、活动环境及视觉条件选定照度标准。照度还应该与色温组合得当，否则会给人造成不舒服的感觉，如果同一室内同时出现多种色温的照明，则易破坏该室内空间的整体感。

6.1.3.3　保障照明质量

（1）考虑视野内的亮度分布

考虑室内最亮的亮度、工作面亮度与最暗面的亮度之比，同时要考虑主体物与背景之间的亮度比与色度比。

（2）光的方向性和扩散性

一般需要有明显的阴影和光泽面的光亮场合，选择指示性的光源。为了得到

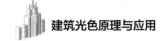

无阴影的照明，应选择有扩散性的光源。

（3）避免眩光

光源的亮度不要太高；增大视线与光源之间的角度；提高光源周围的亮度；避免反射眩光。

（4）选择光源

① 考虑色光效果及其心理效果。需要识别色彩的工作地点及天然光不足的房间可采用显色性较好的光源；应考虑到目的物的变色与变形；要考虑室内装饰等的色彩效果及气氛等。

② 发光效率的比较。比如一般功率大的光源的发光效率高，一般荧光灯的发光效率是白炽灯的3～4倍等。

③ 考虑光源的使用寿命。例如白炽灯约为1000h，荧光灯约为3000h等。

④ 考虑灯泡的表面温度的影响。例如白炽灯各种放置方向的表面温度不同，荧光灯的表面温度约为40℃，高压水银灯垂直、水平放置时的表面温度也有不同等。

（5）确定照明方式

① 根据具体要求选择照明类型。按活动面上的照明类型分类，可分为直接照明、半直接照明、漫射照明（完全漫射及直接间接照明）、半间接照明、间接照明等；按活动面上的照度分布分类，可分为一般照明、局部照明、混合照明等。

② 发光顶设计。包括光檐（或光槽）、光梁（或光带）、发光顶等（设格片或漫射材料）。

（6）照明器的选择

① 灯具的效率、配光和亮度。外露型灯具，随着房间进深的增大，眩光变大，下面开散型的灯具也有同样的倾向，下面开敞型半截光灯具眩光少，镜面型截光灯具（带遮挡）的眩光最少，镜面型截光灯具（不带遮挡）、带棱镜板型灯具均具有限制眩光的效果，带塑料格片、金属格片的灯具均具有限制眩光的效果，但灯具效率低。

② 灯具的形式和色彩。

③ 兼顾灯具与室内整体设计的协调。

（7）照明器布置位置的确定

① 直射照度的设计采用逐点计算法计算各种光源（点、线、带、面）的直射照度。

② 平均照度利用系数法计算，同时确定灯具的数量、容量及布置。

（8）电器设计

电压、光源与照明装置的馈电等系统图选择；配电盘的分布、网路布线、异线种类及敷设方法的选择；网路的设计，防护触电的措施等。

（9）经济及维修保护

核算固定费用与使用费用；采用高效率的光源及灯具；天然光的利用；选用易于清扫维护、更换光源的灯具。

（10）绘制施工图、编制概算或预算书

（11）设计时应考虑的事项

与业主及建筑、室内、设备设计师协调；与室内其他设备统一，如空调、烟感、音响等。

（12）施工现场管理阶段

照明设计师为了把设计变为现实，在工程进行期间要定期前往现场，与监督工程施工进程的建筑师、室内设计师、电气工程公司、建筑工程公司进行商讨，这在照明设计中就是现场管理阶段（图6-1）。

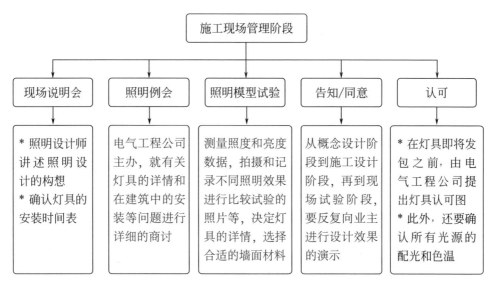

图6-1 施工现场管理阶段流程图

（13）照明调试阶段

对由灯具出射的光的强度和照射方向进行调整，属于照明设计的后期工作，称之为调光。对于较大规模的照明工程现场来说，需要绘制调光指示图，因为许多时候是要电气工程公司来配合完成这项工作。这项工作是在工程大体完成之时，即将向业主交工之前进行的。照明设计师要到现场来指调光作业，并亲自予以确认（图6-2）。

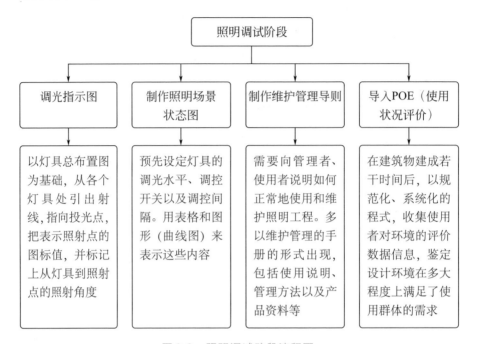

图6-2　照明调试阶段流程图

6.2　照明系统

6.2.1　照明系统的分类

按照照明在建筑中所起主要作用的不同，可以将建筑照明分为视觉照明和装饰照明两大类。

满足人们的视觉要求（属生理要求），保证从事的生产、生活活动正常进行而采用的照明，称为视觉照明。根据具体的工作条件，视觉照明又可分为：正常照明、应急照明（含疏散照明、安全照明、备用照明）、值班照明、警卫照明和障碍照明。

装饰照明是创造和渲染某种气氛，是与人们所从事的活动相适应（即满足人们的心理要求）而设置的照明。装饰照明主要有建筑物泛光照明、节日彩灯、广告霓虹灯及喷泉照明、舞厅照明等。

6.2.2　照明灯具的布置

照明灯具的布置主要取决于视觉作业的位置和室内活动区的划分。同时，还要考虑建筑结构的形式及空间的形状和大小，配合顶棚装修的设计意图来决定灯位（图6-3）。

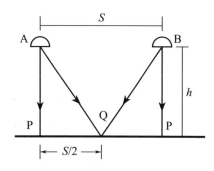

图6-3　灯位的决定

一般照明系统要求获得均匀的水平照度，因此，照明灯具的间距应控制在一定限度以内。直接型、半直接型灯具的最大允许间距 S，是根据它们的光强分布计算灯正下方工作面上"P"点的照度和两灯中央"Q"点的照度，以 $E_P=E_Q$ 为条件求出来的。在厂家提供的灯具技术资料中，通常包括每种灯具允许最大距高比 S/h 的数值。

均匀漫射型灯具约有一半的光通量向顶棚照射，由反射光产生的照度在工作面总照度中占相当的比例，所以用上述方法求出的间距在应用时可以适当加大（10% ～ 20%）。

间接型、半间接型照明灯具的最大允许间距决定于灯具至顶棚的高度 h_c 及灯具在上部空间的光强分布，原则是力求将顶棚均匀照亮，使顶棚充分发挥"二次光源"的作用（表6-1）。

表6-1　各类灯具的一般距离比

灯具类型	S/h	简图
窄配光	0.5左右	
中配光	0.7 ～ 1	
宽配光	1 ～ 1.5	
	S/h_c	
半间接型	2 ～ 3	
间接型	3 ～ 5	

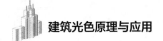

6.2.3　照明计算

照明计算是光环境设计的一个重要环节，通过计算可以求出达到照度标准所需要的灯数和灯功率；也可以根据确定的灯数和灯功率验算室内平均照度或某一点的照度。

下面主要讨论计算照度的方法。

照度计算有两种基本的方法：① 平均照度计算——流明法；② 点照度计算——点算法。本书主要介绍流明法。

流明法的计算原理：从照度的基本定义出发，先计算照明装置投射到一个表面上的总光通量（包括直射光通与反射光通），然后除以这个表面的面积，即得到计算表面上的平均照度。

灯具效率：灯具发出的光通量与灯具内全部灯的光通量之比，它总小于1。即灯的光通量经过灯具的反射、透射后总要损失一部分。而且，从灯具发出的光通量也不会全部直接投射到工作面（或其他规定的计算平面）上，相当多的光经过顶棚、墙面和地面的相互反射后才最终到达工作面。因此，工作面上接受的有效光通量是照明灯具的直射光通量与来自房间表面的相互反射光通量之和。

将工作面（或其他计算平面）上的有效光通量与全部灯的额定光通量之比，定义为照明装置的利用系数，以 UF 表示，即：

$$UF=\Phi_e/N\times\Phi_L \tag{6-1}$$

式中　　Φ_e——工作面上的有效光通量；

　　　　Φ_L——每台灯具内灯的总额定光通量（$\Phi_L=n\cdot\Phi_l$，n 为每台灯具内灯的个数，

　　　　　Φ_l 为每支灯的额定光通量）；

　　　　N——灯具台数。

于是，工作面的平均照度 E_{av} 可由下式计算：

$$E_{av}=\Phi_e/A=N\times\Phi_L\times UF/A \tag{6-2}$$

求出正确的 UF 值是计算平均照度的关键，UF 与以下四个因素有关。

① 照明灯具的光分布——工作面上接受的直射光越多，光通量利用率越高。从这个角度来说，直射型灯具比间接型灯具有利；窄配光灯具比宽配光灯具光损失要小（图6-4）。

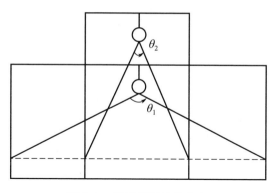

图6-4 照明灯具的光分布

② 灯具效率——与利用系数成正比。

③ 房间几何比例——矮而宽的房间比高而窄的房间直接光覆照角大，因而利用系数高。高度相等的房间，面积大的比面积小的利用系数高。研究表明，房间比例特征可用室形指数表示，室形指数=工作平面以上、灯具以下墙的面积。

对于矩形房间：

令 l= 房间长度；

w= 房间宽度；

h_r=工作面到等效顶棚的距离。

则室形指数 $K_r=(2l \times w)/2(l+w)h_r=l \times w/h_r(l+w)$　　　　　　（6-3）

现在用一个例子来看 K_r 量值范围。

假定房间为正方形，边长1，则 $K_r=l/2h_r$，h_r 通常在 2～4m 之间，取 h_r=3m。可以求出：

K_r=0.6，l=3.6m，这是一个小房间；

K_r=2，l=12m，这是一个中等大小的房间；

K_r=5，l=30m，这是一个大房间。

通常在灯具的利用系数表上列有 K_r=0.6，0.8，1，1.25，1.5，2，2.5，3，4，和5，共10个数值。

在北美采用另一种表示房间比例的方法，叫空间比（Cavity Ratio——缩写CR）。

$$CR=5h_c(l+w)/(l \times w)　　　　　　（6-4）$$

式中　　h_c——空间高度；

　　　　l——空间长度；

　　　　w——空间宽度。

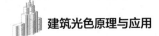

以灯具平面和工作面将房间分成三个空间：顶棚空间、室空间和地板空间。于是：

室空间比 $\qquad RCR=5h_{rc}(l+w)/(l\times w)$ （6-5）

顶棚空间比 $\qquad CCR=5h_{cc}(l+w)/(l\times w)$ （6-6）

地板空间比 $\qquad FCR=5h_{fc}(l+w)/(l\times w)$ （6-7）

式中，h_{rc}、h_{cc}、h_{fc}分别为室空间高度、顶棚空间高度、地板空间高度。

在利用系数表中，RCR为$1\sim10$共十个正整数，RCR与K_r可以互相换算：

$$RCR=5/K_r \qquad（6-8）$$

④ 房间表面反射比——反射比越高，反射光通量越大，UF值越大。在求UF值时，相互反射光的数量是根据顶棚、工作面以及工作面与灯具平面间的墙面构成的空间和它们的反射比导出的。其中，工作面是一个假想的平面。当使用吊灯时，灯具平面也是一个假想平面，可视为"等效顶棚"。由室空间进入等效顶棚的光通量，经顶棚空间内表面的相互反射后再返回室空间，这将造成一定的光损失，所以在这种情况下，不能用顶棚实际反射比ρ_0来求利用系数。将等效顶棚的入射光通量与出射光通量之比，定义为顶棚有效反射比ρ_{00}。以ρ_{00}的数值代替实际顶棚反射比ρ_0求利用系数，才是正确的（图6-5）。

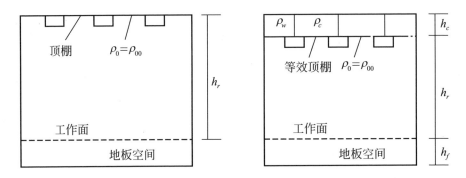

图6-5 等效顶棚与有效反射比ρ_{00}

ρ_{00}用下式计算：

$$\rho_{00}=(\rho_a\times K_0)/[K_0+2(1-\rho_a)] \qquad（6-9）$$

式中 $\quad\rho_{00}$——顶棚有效反射比；

$\quad K_0$——顶棚空间指数；

$$K_0=K_r\times h_r/h_c; \qquad（6-10）$$

$\quad h_c$——灯具平面至顶棚的高度；

h_r——工作面到等效顶棚的距离；

ρ_a——顶棚空间各表面平均反射比

$$\rho_a=(K_0\times p_0+2\rho_w)/(K_0+2) \tag{6-11}$$

式中 ρ_0——顶棚反射比；

ρ_w——壁檐（灯具平面以上墙面）的反射比。

附注：采用吸顶灯或嵌入式暗灯照明时，不存在等效顶棚，所以$\rho_0=\rho_{00}$。

地板空间（工作面与地板之间的空间）经常摆满家具与设备，加上人的来往活动，使地板空间内的相互反射非常复杂，难以计算。通常假定地板反射比为0.1～0.3，它代表地板空间有效反射比，已将家具设备对相互反射的影响考虑在内。

在日常照明计算中，借助由不同室形指数与反射比组合的利用系数来求利用系数，以4×36W，灯具效率68%为例，见表6-2。表中的利用系数是根据灯具的光强分布用理论方法计算出来的。其中的反射比组合，如752，第一位数字代表顶棚有效反射比为0.7，第二位数字代表墙面平均反射比为0.5，第三位数字代表地板反射比0.2。在做光环境设计时，往往还没有确定室内表面反射比，这时可以取753作为浅色装修的代表；其他一般房屋可取751。如果设计对象的室形指数或反射比与表列数字不一致，则用内插法求符合算题的利用系数值。

表6-2 利用系数表（4×36W，灯具效率68%）

反射比	顶棚	利用系数														
		80%				70%				50%				30%			
	墙	70%	50%	30%	10%	70%	50%	30%	10%	70%	50%	30%	10%	70%	50%	30%	10%
	地面	20%				20%				20%				20%			

注：此表为某荧光灯所测（4×36W）利用系数，具体灯具需检测。

各种灯具的利用系数表由灯具生产厂家提供或查阅照明手册。有些灯具测光数据资料还列有顶棚和墙面的利用系数，用来计算顶棚和墙的平均照度，据此可进而算出它们的平均亮度。

在核算照明装置的实际照度是否符合标准时，还需要在公式中引入一项减光系数（LLF）。照明装置在使用中的光衰减是由灯的光通量衰退、灯具污染，以及房间表面的积灰造成的，因此，减光系数决定于灯和灯具的类型、使用环境的清洁程度及照明设备的清洗与维护周期。减光系数又称维护系数。在没有详细的资料和确切的维护计划时，可采用表6-3的维护系数值。

表6-3 维护系数表

环境污染特征		房间或场所举例	灯具最少擦拭次数（次/年）	维护系数值
室内	清洁	卧室、办公室、影院、剧场、餐厅、阅览室、教室、病房、客房、仪器仪表装配间、检验室、商店营业厅、体育馆、体育场等	2	0.80
	一般	机场候机厅、候车室、机械加工车间、机械装配车间、农贸市场等	2	0.70
	污染严重	公用厨房、锻工车间、铸工车间、水泥车间等	3	0.60
开敞空间		雨篷、站台	2	065

注：本表来源于《建筑照明标准》（GB 50034—2013）第四章表4.1.6。

最后，实际维持平均照度应当是：

$$E_{av}=N\Phi_L \times UF \times LLF/A \quad\quad (6-12)$$

式中 E_{av}——维持平均照度，lx；

N——灯具数；

Φ_L——一台灯具内灯的总额定光通量，lm；

UF——利用系数；

LLF——减光系数；

A——计算平面的面积，m^2。

如果按我国照度标准中规定的维持最低照度进行设计，可以由照度均匀度=0.7导出最低照度值E_{min}即：

$$E_{min}=0.7 \times (N \times \Phi_L \times UF \times LLF/A) \quad\quad (6-13)$$

进行设计时通常先选择灯具，确定Φ_L值，然后根据照度标准计算需要的灯具台数N：

$$N=(E_{min} \times A)/(0.7 \times \Phi_L \times UF \times LLF) \quad\quad (6-14)$$

用利用系数法计算平均照度是相当精确的，不但能计算工作面照度，也可以计算顶棚和墙的照度（用相应的利用系数），但必须遵守以下的限制条件：

灯具规则布置：周边灯具至墙的距离约为平均间距的1/2；

灯具围绕竖轴转动，工作面上的直射光通量没有明显变化（对称或近似对称光强分布，如荧光灯具）；

$K_r>0.25$，房间长度小于4倍宽度。

6.2.4 照明控制系统

6.2.4.1 照明控制系统种类及区别

照明控制系统是照明系统中不可缺少的一环，在考虑建筑的照明设计时，也应充分考虑照明控制系统的设计。在建筑物的能源消耗中，照明系统通常占整个建筑电能消耗的1/3左右，在当前建筑工程设计中，智能照明控制系统引起了越来越多设计师及用户的重视。

对于照明系统而言，不仅应该控制光源的发光时间、亮度，还要考虑到管理智能化、操作简单化以及适应各种应用场景而做出相应的灯光变化。目前，存在着三种照明控制系统，即传统照明控制系统、楼宇自控照明系统和智能照明控制系统。下面以两个表来对比说明三者的区别（表6-4、表6-5），从中可以看出智能照明控制系统更友好、方便、节能，更加符合绿色照明的要求。

表6-4 传统照明控制系统与智能照明控制系统的区别

序号	功能	传统照明控制系统	智能照明控制系统
1	布线方式	① 负载直接与开关相连，强电线路结构复杂，安全系数较低 ② 当控制区域增加时，需要重新布线，施工难度大	① 负载连接到输出单元，采用弱电控制，安全性高 ② 控制区域、功能增加时，只需改变控制开关内部程序，无需重新布线
2	控制方式	① 手动开关 ② 不同区域回路不能由一个开关控制，大空间内需较多面板	① 弱电控制强电，控制方式多、自动化程度高 ② 一个开关可以控制不同区域
3	管理方式	人为管理，管理成本高	自动化管理，管理成本低
4	节能方式	无	基于智能化、自动化管理，定时及传感器使用、灯光亮度调节等能在很大程度上节省能源

表6-5 楼宇自控照明系统与智能照明控制系统的区别

序号	功能	楼宇自控照明系统	智能照明控制系统
1	控制回路	控制回路少，一般只进行大面积区域控制，增加回路，成本急剧增加	控制回路多，各区域可实现多种不同控制方式，增加回路只需增加输出模块，成本低
2	控制功能	功能简单，中控+定时	可实现远程控制+现场控制+中控+定时+自动感应控制+照度控制+场景控制+软启动与软关断

序号	功能	楼宇自控照明系统	智能照明控制系统
3	控制方便性	现场不设置开关或传感器，照明回路通过中控室和定时方式控制，使用不便	现场设置有开关面板、触摸屏、多功能传感器等，可实现多种场景模式及控制方式，使用方便
4	系统稳定性	中控系统损坏后，整个系统不能正常工作	独立的控制系统，分布式系统，稳定性好

6.2.4.2　智能照明控制系统的优势

　　智能照明控制系统是基于计算机技术、自动控制、网络通信、嵌入式软件等多方面技术组成的照明控制系统，它利用先进电磁调压及电子感应技术，对供电进行实时监控与跟踪，自动平滑地调节电路的电压和电流幅度，改善照明电路中不平衡负荷所带来的额外功耗，提高功率因数，降低灯具和线路的工作温度，达到优化供电的目的。

　　智能照明控制系统是最先进的一种照明控制方式，可对白炽灯、日光灯、LED节能灯等多种光源进行调光，满足各种环境对照明的要求，适用范围广泛。智能照明控制系统具有以下优势。

　　① 灯光调节：智能照明控制系统中能对单个灯具进行独立的开、关、调光等功能控制，也能对多个灯具的组合进行分组控制，可随意编排灯具开关模式及组合形式，营造出特定的气氛。

　　② 智能调光：随意进行个性化的灯光设置，灯具开启时光线由暗逐渐到亮，关闭时由亮逐渐到暗，直至关闭，有利于保护眼睛，又可以避免瞬间电流的偏高对灯具所造成的冲击，能有效地延长灯具的使用寿命。

图6-6　卧室照明

图6-7　餐厅照明

③ 延时控制：某些场合，可以在打开或者关闭灯具时，使所有的灯具和电器都根据设定的延时时间开启、关闭。

④ 美化环境：好的灯光设计可以营造出一种温馨、舒适的环境。利用灯光的颜色、投射方式和不同的明暗程度可创造出立体感、层次感，给人一种艺术感（图6-6，图6-7）。

⑤ 控制自如：可以随意开关屋内任何一路灯，可以分区域全开、全关与管理每路灯。可手动或遥控实现灯光的随意调光，还可以实现灯光的远程控制开关功能。

⑥ 动态照明：根据人体每天的激素分泌周期，智能照明控制系统可实现从冷色光到暖色光的周期变化，相应照度亦随之调整。

⑦ 全开全关：整个智能照明控制系统的灯可以实现一键全开和一键全关的功能。可以随意设置场景，可设置场景内所需灯光的开关和亮度。

⑧ 联动其他系统：智能照明控制系统可与其他系统联动控制，例如楼宇自控照明系统、监控报警系统。当发生紧急情况后可由报警系统强制打开所有回路。

⑨ 提高管理水平，减少维护费用：智能照明控制系统将普通照明人为的开与关转换成了智能化管理，不仅能将系统管理者高素质的管理意识运用于照明控制系统中去，而且能大大减少运行维护费用，并带来极大的投资回报。

6.2.4.3　智能照明控制系统分类

智能照明控制系统主要涵盖三个组成部分：软件、硬件以及通信协议。硬件很好理解，比如开关面板、LED灯具、驱动电源、智能控制器等，它们的外观、质感是我们能切实感受到的。软件诸如手机App、智能中控界面、控制器里面的嵌入式软件等，能够根据预先编写的程序运行或响应各种指令。另外一个方面就是智能照明控制系统的通信协议，我们把通信协议分为两大类，即有线通信协议和无线通信协议，根据这种分类方式，即把智能照明控制系统分为有线智能照明控制系统和无线智能照明控制系统。下面分类介绍一下主流的有线和无线智能照明控制系统。

（1）有线智能照明控制系统

① DALI协议：DALI（Digital Addressable Lighting Interface）是一种专门应用于照明的控制协议，它是确保不同制造商生产的可调光整流器的可互换性的一项国际标准，系统具有结构简单、安装方便、操作容易、功能优良等特点。DALI是专门为满足当今照明技术需求而设计的理想的、简化的数字化通信方式。其通信和安装已经做到了尽可能地简化，在一个局部系统中的所有智能化元器件都是以既简化又无干扰的方式进行通信的。

DALI协议是基于主从控制模型建立起来的，控制人员通过主控制器操作整个系统。在DALI系统中，通过LED灯调光控制器可对每个镇流器（LED驱动器）分别寻址，这样可实现对连在同一控制线上的每个LED灯进行查询、调光等控制。一个单段DALI数据控制线上可对64个镇流器分别编址，每个镇流器内最多可设置16个灯光场景，同一个镇流器还可以编在一组或多个组，最大编组数为16。DALI具有如下技术特性：控制线为低压直流、接线简单（接线无极性）、可实现各种场景、可控制单个设备和分组设备系统，具有很强的可扩展性，通过广播方式实现总的控制、数字调光减少谐波对电网的冲击，增强对电网的保护等（图6-8）。

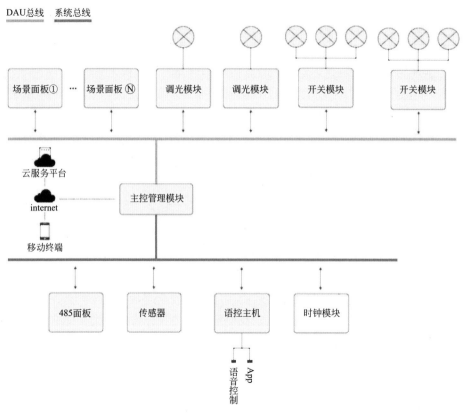

图6-8　典型DALI智能照明控制系统图

②KNX协议：KNX是Konnex的缩写。1999年5月，欧洲三大总线协议EIB、BatiBus和EHSA合并成立了Konnex协会，提出了KNX协议。KNX是全球性的住宅和楼宇控制标准。在KNX系统中，总线接法是区域总线下接主干线，主干线下接总线，系统允许有15个区域，即有15条区域总线，每条区域总线或者主干线允许连接多达15条总线，而每条总线最多允许连接64台设备，这主要取决于电源供应和设备功耗。每一条区域总线、主干线或总线，都需要一个变压器来供电，每一条总线之间通过隔离器来区分。在整个系统中，所有的传感器都通过数

据线与制动器连接，而制动器则通过控制电源电路来控制电器。所有器件都通过同一条总线进行数据通信，传感器发送命令数据，相应地址上的制动器就执行相应的功能。

此外，整个系统还可以通过预先设置控制参数来实现相应的系统功能，如组命令、逻辑顺序、控制的调节任务等。同时所有的信号在总线上都是以串行异步传输的形式进行传播，也就是说在任何时候，所有的总线设备总是同时接收到总线上的信息，只要总线上不再传输信息，总线设备即可独立决定将报文发送到总线上。

KNX并不是专门的照明控制系统协议，它能应用于多个领域，包括照明、多种安全系统的关闭控制、加热、通风、监控、报警、用水控制、能源管理、测量以及家居用具、音响及其他众多领域。KNX系统具有较高的舒适性、安全性，但KNX总线系统的成本较高，对工程人员要求很高。

③ RS-485协议：RS-485总线作为一种多点差分数据传输的电气规范，已成为业界应用最为广泛的标准通信接口之一。这种通信接口允许在简单的一对双绞线上进行多点双向通信，它具有较强的噪声抑制能力及可靠性。智能分布式总线控制系统即在RS-485标准的接口电路基础上，建立了一套完整的自定义高层通信协议。

从智能照明控制系统发展的轨迹看，最早的产品一般采用的RS-485的技术，这是一种串行的通信标准，因为只是规定的物理层的电气连接规范，每家公司自行定义产品的通信协议，所以RS-485的产品很多，但相互都不能直接通信。RS-485一般需要一个主接点，通信的方式采用轮询方式，模块之间采用"手拉手"的接线方式，因此存在着通信速率不高、模块的数量有限等问题。

④ CAN协议：CAN总线起初是德国博世（BOSCH）公司于1983年为汽车应用而领先推出的一种多主机局部网，属于现场总线的范畴。1993年11月，ISO正式颁布了控制器局域网CAN国际标准，为控制器局域网标准化、规范化推广铺平了道路。CAN总线协议的一个最大特点是废除了传统的站地址编码，取而代之，对通信数据块进行编码。

CAN总线是一种支持分布式控制和实时控制的对等式现场总线网络。其网络特性使用差分电压传输方式，总线节点数有限，使用标准CAN收发器时，单条通道的最大节点数为110个，它的传输速率范围是5kbps至1Mbps，传输介质可以是双绞线和光纤等，任意两个节点之间的传输距离可达10km。

对于单个节点，电路成本高于RS-485，设计时需要一定的技术基础，传输可靠性较高，界定故障节点十分方便，维护费用较低。

（2）无线智能照明控制系统

① 蓝牙协议：蓝牙（Bluetooth）是一种无线技术标准，可实现固定设备、移动设备之间的短距离数据交换（使用2.4～2.485GHz的ISM波段的UHF无线电波）。

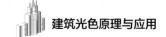

Bluetooth无线技术是在两个设备间进行无线短距离通信的最简单、最便捷的方法之一。它广泛应用于世界各地，可以无线连接手机、便携式计算机、汽车、立体声耳机、MP3播放器等多种设备。基于网状拓扑类型的无线通信系统（蓝牙MESH）可以覆盖更大的范围，使得通信距离变长，同时系统鲁棒性得到加强。

② Wi-Fi协议：Wi-Fi是一种允许电子设备连接到一个无线局域网（WLAN）的技术，通常使用2.4G或5G射频频段。连接到无线局域网通常是有密码保护的，但也可以是开放的，这样就允许任何在WLAN范围内的设备连接上。Wi-Fi功耗低，传输速度54Mbps，理想传输距离可达100m，安全性相对较低。

Wi-Fi只支持星型网络拓扑结构，通过多基站的方式实现网络空间拓展。协议稳定性、安全性比较差，容易断开连接，被人破解。在功率消耗上面，能耗巨大。Wi-Fi设计只有16个信道，而且其中有一个是被占用的，理论上是可以连接15个产品但是实际应用中连接10个就极不稳定了，另外Wi-Fi具有穿墙能力和衍射能力较弱等缺点。这些方面就足以说明Wi-Fi不太适合做智能照明控制系统，但是因为价格便宜、协议简单，所以很多厂家用Wi-Fi协议来做智能照明控制单品，而且销量很客观。

③ Zigbee协议：Zigbee技术是一种近距离、低功耗、低速率、低成本的双向无线通信技术，其主要用于距离短、功耗低且传输速率不高的各种电子设备之间进行数据传输以及典型的有周期性数据、间歇性数据和低反应时间数据传输的应用。Zigbee是一种无线连接，可工作在868MHz、915MHz和2.4GHz的3个频段上。简单地说，ZigBee是一种高可靠性的无线数传网络，类似于CDMA和GSM网络。ZigBee数传模块类似于移动网络基站，通信距离从标准的75m到几百米、几千米，并且理论上支持无限扩展。

ZigBee协议具有自组网能力，安全性、可靠性、抗干扰能力、自我恢复能力都比较强，具有极低的功耗。在国内选用2.4G频段通信，所以ZigBee协议的穿墙能力和衍射能力较弱，传输距离只有20米。

6.3 室内照明设计

6.3.1 住宅建筑

6.3.1.1 照明标准

根据《建筑照明设计标准》GB 50034—2013，住宅建筑照明标准值宜符合

表6-6的规定。

表6-6　住宅建筑照明标准值

房间或场所		参考平面及其高度	照度标准值/lx	R_a
起居室	一般活动	0.75m水平面	100	80
	书写、阅读		300*	
卧室	一般活动	0.75m水平面	75	80
	床头阅读		150*	
餐厅		0.75m餐桌面	150	80
厨房	一般活动	0.75m水平面	100	80
	操作台	台面	150*	80
卫生间		0.75m水平面	100	80
电梯前厅		地面	75	60
走道、楼梯间		地面	50	60
车库		地面	30	60

注：*指混合照明照度。

6.3.1.2　起居室照明设计

起居室及客厅是住宅的重要组成部分，同时也是一个家庭对外的窗口单元，人们认知一个家庭，往往从客厅和起居室开始。灯具因其所特有的明亮、突出的特性，往往是最先引起人们注意，所以在设计中，灯具的造型及装饰性与其他方面的设计同等重要。起居室及客厅的照明在具备装饰性的同时，照明功能也同样重要。在住宅中，起居室及客厅担负着家庭团聚、会客、娱乐等重要功能，照明方式及亮度应适应使用目的，同时也要考虑它的多变性。在设计上首先考虑设置整体照明，满足房间的照明需求。在此基础上，根据不同空间的具体性质进行功能分区并设置局部照明和陈设照明（如台灯、地灯、陈设柜内照明、壁灯、照亮墙上画面的镜灯），以丰富空间内光环境的层次感，改善空间内的明暗关系。起居室一般可设置落地灯作为局部照明，但要注意预留的电源插座与落地灯的位置关系，避免电线对人的行动产生干扰，如图6-9所示。

图6-9　起居室照明

6.3.1.3　卧室照明设计

卧室光环境设计应遵循舒适及实用的原则，照明器的设置及照明方式应力求创造安静舒适的效果。卧室不一定要求很高的亮度，但局部区域要根据功能需要而达到足够的照度；光源要以暖色光为主，这样可以创造温馨的气氛；可以采用可调光的灯具或设置地角灯，方便起夜，开关应设置在床头上方便触摸的地方。

单从休息的角度而言，卧室可以不设置顶部照明，以避免人在仰卧时光源直接进入视觉范围而产生眩光。如必须设置顶部照明，应着重注意诸如照明器颜色、安装位置、表面亮度等方面的问题，务求最大可能地避免眩光产生。床头位置可设计台灯、壁灯或落地灯，便于人在卧床时进行阅读及对床周围环境的照明，也可创造出宽绰舒适的感觉，如图6-10所示。

图6-10　卧室照明

此外，还应该根据使用者年龄的不同，选择卧室的灯饰。如：老年人生活清静，卧室的灯饰应外观简洁，光亮充足，以表现出平和安逸的意境；中年人工作繁重，灯饰的选择要考虑到夫妻双方的爱好，在温馨中求含蓄，在热烈中求清幽；青少年性格日趋成熟，追求时尚，灯饰的选择应讲究个性，色彩要富于变化；儿童房考虑到儿童成长的智力和心理需要，宜选用外形简洁活泼、色彩轻柔的灯具。

6.3.1.4　书房照明设计

书房的主要功能是进行文案工作，此功能决定了它对光环境的要求要高于其他场所，在光环境的设计上，应注意整体照明和局部照明的关系，整体照明包含局部照明，局部照明突出于整体照明，二者相互依存，缺一不可。

通常整体照明不应过亮，以便使人的注意力全部集中到局部照明作用的环境中去。书房内写字台上应设置台灯作为局部照明，并保证视觉工作面上的照度不低于500lx，而只有局部照明的工作环境也是不可取的，这种光环境明暗对比过于强烈，会使人在长时间的视觉工作中产生眼睛疲劳。局部照明应根据人的活动方式及家具的布局来设置，并要考虑眩光的因素。

6.3.1.5　餐厅照明设计

餐厅人工照明光环境的设计，一定要突出餐桌上的美味，所以在设计上要用高显色性的照明光源尽可能地突出餐桌上的食品。

主要采用一般照明和局部照明相结合的方式。一般照明的目的是使整个房间明亮起来，减少明暗对比，局部照明要采用直接照明方式的灯具，并悬挂在餐桌上方，以突出餐桌表面为目的，如图6-11所示。餐厅空间的照明灯具不仅可以用吊灯光源，而且还可以根据餐桌的设计使用射灯，有时甚至可以使用蜡烛光源。如果是老年人用餐时，就要注意避免出现眩光和强烈的明暗对比。餐厅灯具一般选用直接型配光伞型花饰灯具，灯具不宜用环形日光灯，因为它的光色和显色性不适于用餐，且不宜频繁开关。有的家庭设吧台，作为浅饮小酌的休憩之地，吧台处应设筒灯或吊灯烘托吧台独有的情调。

6.3.1.6　厨房照明设计

厨房的光环境设计应尽量满足烹饪

图 6-11　餐厅照明

图 6-12　厨房照明

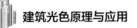

的需要，良好的光环境除了可以方便操作者顺利地进行烹饪活动，甚至对愉悦操作者的身心及消除疲劳都将带来积极的影响。所以照明设计要以功能为目的，一般可把灯具设置在操作台的正上方，宜选用带翼的漫射型灯具，使台面能够得到理想的光照。与此同时，照明器的高度设置也至关重要，过高产生的人体阴影和过低产生的眩光都有可能影响烹饪者的操作。厨房内照明所用光源应该是显色性较高的光源，以便主妇能对菜的色泽作出正确的判断。在灯具选择上，还应选择易于清洁的灯具，如图6-12所示。

6.3.1.7　住宅室内绿色照明设计

随着住宅室内艺术照明与节能照明的融合发展，未来住宅室内照明设计必然朝着绿色照明设计的方向发展，绿色照明设计方向主要体现在未来住宅室内照明设计中的光源选择、照明灯具选择和照明方式这三个因素上。

（1）科学选用光源

科学地选用光源是照明节能的第一要素，光源主要由照明材料决定，照明材料的选择直接决定着光源的电光转换效率。

例如，荧光灯与白炽灯产生同样的照明效果，能够节省70%左右的电能消耗。因此，细管型和紧凑型荧光灯在住宅室内照明设计中已广泛应用，而白炽灯已基本淘汰。荧光灯主要应用于住宅室内照明，是设计师主要选择的光源对象，但是也有设计师开始尝试性使用荧光灯与钠灯和汞灯混合使用作为住宅室内照明。混合照明具有色彩逼真、视觉舒适、光色协调，以及省电低耗等优势，成为未来室内照明光源选择的重要发展方向。

（2）合理选用照明灯具

照明灯具的主要作用即是对光源辐射光通量进行分配，阻挡或弱化光源产生的光幕反射和眩光，从而满足居住者对住宅室内照明的配光要求，同时还可以起到重要的装饰作用。住宅室内照明设计师在进行住宅室内照明设计时，除了需要考虑灯具的限制眩目和环境分布之外，还应当考虑灯具的具体光照效率，尽量选取光照效率高的灯具，这样不仅能够提高照明亮度，同时可以节约电能。亮度调节灯具是节约用电的重要灯具，它可以根据居住者的要求对光照强度、角度、时间进行调节设定，这必然成为未来住宅室内照明设计灯具发展的主要方向。

（3）合理选择照明方式

合理地选择照明亮度是住宅照明设计的重要问题，如果住宅照明设计的照明亮度太低，必然会损害居住者的视力，从而对居住者的生活质量造成负面影响。过高的照明亮度也会对人体视力造成损害，同时也是对电力的浪费，因此住宅室内应按照居住功能对照明亮度进行合理选择。居住者照明亮度的需求主要由一般照明、局部照明和混合照明构成，因此如果一种光源不能满足居住者的居住需求，则可采取两种或两种以上的混合照明方式，提高物体光照效果。此外住宅室内的其他装修也会影响住宅室内照明设计的照明效果，例如白色的墙面反光系数可达70%～80%，充分利用墙面、吊顶、地面反光系数，可有效改善照明效果，提升照明效率。因此，住宅室内照明采用多重照明的方式，以及综合利用室内环境从而提升照明效率，必然是未来室内照明方式的重要发展方向。

6.3.2 商业建筑

根据《建筑照明设计标准》GB 50034—2013对商业空间照明质量和照度的标准，有如表6-7所示规定。

表6-7 商业建筑照明标准

房间或场所	参考平面及其高度	照度标准值	UGR	U_0	R_a
一般商店营业厅	0.75m 水平面	300	22	0.6	80
一般室内商业街	地面	200	22	0.6	80
高档商店营业厅	0.75m 水平面	500	22	0.6	80
高档室内商业街	地面	300	22	0.6	80
一般超市营业厅	0.75m 水平面	300	22	0.6	80
高档超市营业厅	0.75m 水平面	500	22	0.6	80
仓储式超市	0.75m 水平面	300	22	0.6	80
专卖店营业厅	0.75m 水平面	300	22	0.6	80
农贸市场	0.75m 水平面	200	25	0.4	80
收款台	台面	500	—	0.6	80

国际相关商业照明标准如表6-8所示。

表6-8 CIE推荐的零售店照明指标

房间场所	限度标准值/lx	UGR	R_a
小销售区域	300	22	80
大销售区域	500	22	80
收银台	500	22	80
包装台	500	19	80

现代商场，无论规模大小，都在考虑消费者购买行为和心理变化的细节。在这些因素中，照明环境对于商场和消费者至关重要。为了保证人群高流通率，商

场的大空间照明就要求保持比较高的基础照明照度水平，而照度水平的选取应根据商场所在地区的经济、电力供应和环境来确定。通常推荐的平均照度水平为500～1000lx，显色性为$R_a>80$，光色方面建议根据不同环境选择暖日光色或冷日光色。

6.3.2.1 店面照明设计

① 确保店面亮度，在商店入口处适当加大亮度，满足安全、吸引客流等多种要求。通常利用荧光灯等灯具所发出的均匀、柔和的灯光作为整体照明。

② 利用自动调光装置使照明产生多变效果，这有助于同时吸引有目的消费者和无目的消费者，创造良好的商业气氛。

③ 强调装饰效果，采用彩色灯光或特色灯具，也可将灯具排列成装饰性图案使店面照明富有生气，给过往顾客留下深刻印象。

④ 招牌、标志、铭牌等重点位置的照明要醒目，让人一目了然、过目不忘。

店面照明如图6-13～图6-16所示。

图6-13　店面照明一

图6-14　店面照明二

图6-15　店面照明三

图6-16　店面照明四

6.3.2.2 橱窗照明设计

橱窗内陈列的一般是该商店的重点商品，它具有一定的代表性，反映着商店销售的商品类型、档次及风格，同时通过陈列方式的设计，照明及环境气氛的营造，还会引导消费者去想象，以至于对该商店产生良好的印象和兴趣，并引起关注。通常可以通过以下方法来创造醒目的橱窗照明。

① 依靠强光，使商品更显眼。

② 通过照明强调商品的立体感、光泽感、材料质感和色彩等。

③ 利用装饰性的照明来吸引人的注意。

④ 让照明状态变化。

⑤ 利用彩色光源，使整个空间更绚丽。

橱窗照度一般是店内营业平均照度的2～4倍。位于商业中心的商店的橱窗内照度可以是1000～2000lx，而远离商业中心的商店的橱窗内照度则可以是500～1000lx。通常，展览的商品通过平坦型光进行照明，重点部位可以使用多个装在电源导轨上的灯进行聚光照明。橱窗照明应选择与陈列商品协调的灯具和光源，使灯光和商品和谐。采用脚光照明能展现特殊商品轻轻浮起的效果，背光照明（光源安装在看不见位置上）能强调玻璃制品之类的透明度。

照明要求如表6-9和表6-10所示。其照明方式如图6-17所示。其实景如图6-18和图6-19所示。

表6-9　白天橱窗的照明要求

类型	向外橱窗照度/lx	店内橱窗照度/lx	重点照明系数AF	一般照明色温/K	重点照明色温/K	显色系数R_a
最高档	≥2000	大于一般照明	10：1～20：1	4000	2750～3000	>90
中高档	≥2000	周围照度的两倍	15：1～20：1	2750～4000	2750～3500	>80
平价	1500～2500	四周照度的2～3倍	5：1～10：1	4000	4000	>80

表6-10　夜间橱窗的照明要求

类型	向外橱窗照度/lx	店内橱窗照度/lx	重点照明系数AF	一般照明色温/K	重点照明色温/K	显色系数R_a
最高档	100	1500～3000	15：1～30：1	2750～3000	2750～3000	>90
中高档	300	4500～9000	15：1～30：1	2750～3500	2750～3500	>80
平价	500	2500～7500	5：1～15：1	3000～3500	3000～3500	>80

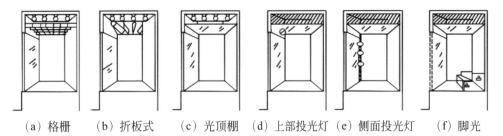

| （a）格栅 | （b）折板式 | （c）光顶棚 | （d）上部投光灯 | （e）侧面投光灯 | （f）脚光 |

图6-17　橱窗主要装饰照明方式

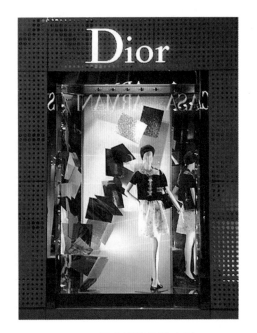

图6-18　橱窗照明设计实例一

图6-19　橱窗照明设计实例二

6.3.2.3　售货场陈列照明设计

（1）陈列柜照明

售货场地的陈列柜、陈列台、陈列架等均应增加局部照明，不仅要有水平照度而且必须考虑垂直照度。要想把商品的质感表现出来，垂直照度是十分重要的，同时也应注意避免眩光。

展柜（台）一般为多层的棚式。为了照亮商品并加强商品和展台的装饰美感，在每个展柜（台）下作系统照明，常常采用架子下的线状光源灯，如16mmT5荧光灯、8mm荧光灯等，灯具可以按吸顶式或嵌入式安装，架下用线槽布线，并安装进线端子、带接地线的插头以及分支接头等。

商品陈列柜的基本照明手法有以下四种。

① 柜角的照明。在柜内拐角处安装照明灯具的照明手法。为了避免灯光直接照射顾客，灯罩的尺寸要选配适当。

② 底灯式照明。对于重工艺品和高级化妆品，可在陈列柜的底部装设荧光灯管，利用穿透光有效地表现商品的形状和色彩，如果同时使用定点照明，更可增加照明效果，显示商品的价值。

③ 混合式照明。对于较高的商品陈列柜，仅在上部用荧光灯照明的话，有时下部亮度不够，所以有必要增加聚光灯作为补充，使灯光直接照射底部。

④ 下投式照明。当陈列柜不便装设照明灯具时，可在顶上装设定点照射的下投式照明装置。此时为了不使强烈的反射光耀眼、给顾客带来不适、使顾客难于看清商品等，应该结合陈列柜高度、顶棚高度和顾客站立位置等因素，正确选定下投式灯具的安装高度和照射方向。

为了使店内陈列的商品看起来很美，必须考虑一般照明和重点照明亮度的比例，使之取得平衡。重点照明时，照射方向和角度的确定原则是要保证把垂直面照得明亮。

柜台照明指标如表6-11所示。其照明方式如图6-20所示。

表6-11 柜台照明指标

指标	数值或说明
一般照度/lx	500 ～ 1000
重点照明系数 AF	2：1 ～ 5：1
色温/K	3000
显色系数 R_a	> 80
应用灯具	石英杯灯、陶瓷金属卤化物灯、小型荧光灯等

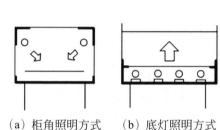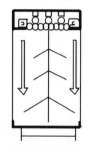

（a）柜角照明方式　（b）底灯照明方式　（c）下投式照明方式　（d）混合照明方式

图6-20　展柜照明方式

陈列柜的照明要点以及防止眩光的方法如下。

① 为了增加商品的魅力，可采用白炽灯、筒灯，或在商品柜台上方设外形良好的吊灯，或在商品柜台内设置灯具。

② 陈列柜商品照明的照度应为店内照度的3～4倍，采用细管日光灯或光通量大的灯泡。

③ 在商品柜外设置灯具时，玻璃面上的反射光不应照到人眼，以防反射眩光。

④ 灯罩的深度应大些，以防止产生直接眩光。

（2）陈列架照明

商品陈列架应根据架上陈列的商品，结合销售安排，采用不同照明方式装设不同层次的照明。为了使全部陈列商品亮度均匀，灯具设置在陈列架的上部或中段。光源可采用荧光灯，也可采用聚光灯照明。重点商品必须给以足够的照度，可以使用定点照明灯，使商品更加引人注目。

（3）售货区域照明

通常，售货区应采用重点照明以突出被照商品，刺激顾客购买力，灯具可采用射灯、轨道灯、组合灯等。售货区照明指标如表6-12所示。

表6-12　售货区照明指标

指标	数值或说明
照度/lx	由重点照明系数决定，一般要达到800
重点照明系数 AF	（5：1）～（15：1）
色温/K	根据被照物体颜色决定，一般在3000以上
显色系数 R_a	＞80
应用灯具	射灯、轨道灯、组合射灯等
光源	石英灯、卤钨灯、陶瓷金属卤化物灯、高显色钠灯等

6.3.2.4　入口及过渡区照明设计

商业空间的入口展示给顾客以第一印象，经常与橱窗统一设计，形成风格上的整体性，向顾客进行连续的视觉冲击，加深顾客对商店、品牌的印象。

入口处的照明一般应设计得比室内平均照度高一些，约为室内平均照度的1.5～2倍，光线也更聚集一些，色温的选择应当与室内相协调，所选用的灯具可以是泛光灯、荧光灯、霓虹灯或LED灯等。其照明要求如表6-13所示。

表6-13　入口区照明要求

指标	数值
照度/lx	1000
色温/K	3000～6000
显色指数 R_a	>80

商店内的照明，应越往里越明亮，产生一种引人入胜的心理效应。吸引顾客进入商店内的照明方法如下。

① 从入口看进去的深处正面照得明亮一些。

② 把深处正面的墙面做重点陈列，作为第一橱窗考虑，并对陈列的商品做特殊照明。

③ 在主要通道上，通过照明对地面创造明暗相间的光影，表现出水平面的韵律感。

④ 把沿主要通道的墙面照得均匀而明亮。

⑤ 通过照明在通道的两侧墙面上创造明暗相间的光影变化，或设置广告照明等。

⑥ 在重要的地方设置醒目的装饰用照明器。

6.3.2.5　收银区照明设计

收银区要强调视觉的导向性，应该具有良好的照明水平，通常通过灯具布置的密度改变来产生相对加强的照明效果。收银区照明要求如表6-14所示。

表6-14　收银区照明要求

指标	数值
照度/lx	500～1000
色温/K	4000～6000
显色指数 R_a	>80

6.3.2.6　仓储区照明设计

仓储区照明无特殊的要求，能够保证员工在短时间内进行简单的操作即可，应该注意的是，发热量较高的光源应该远离物品，以免影响物品的质量，力求降低火灾风险，其照明要求如表6-15所示。

表6-15　仓储区照明要求

指标	数值
照度/lx	500～1000
色温/K	3000～6000

6.3.3 办公建筑

6.3.3.1 相关照明标准

根据《建筑照明设计标准》GB 50034—2013，办公建筑照明标准值应符合表6-16的规定。

表6-16 办公建筑照明标准值

房间或场所	参考平面及其高度	照度标准值/lx	UGR	U_0	R_a
普通办公室	0.75m 水平面	300	19	0.6	80
高档办公室	0.75m 水平面	500	19	0.6	80
会议室	0.75m 水平面	300	19	0.6	80
视频会议室	0.75m 水平面	750	19	0.6	80
接待室、前台	0.75m 水平面	200	—	0.4	80
服务大厅、营业厅	0.75m 水平面	300	22	0.4	80
设计室	实际工作面	500	19	0.6	80
文件整理、复印、发行室	0.75m 水平面	300	—	0.4	80
资料、档案存放室	0.75m 水平面	200	—	0.4	80

注：此表适用于所有类型建筑的办公室和类似用途场所的照明。

6.3.3.2 照度的确定

办公空间中，工作人员的工作多以伏案文字工作为主，因此需设定较高照度，同时增加室内亮度以塑造宽敞明亮的感觉，从而提高工作效率。通常在阅读之类的视觉工作中至少需要500lx的照度，而在特殊情况下，为了进一步减少眼睛的疲劳，局部照度就需要1000 ~ 2000lx，参见表6-17。

表6-17 办公室照明的推荐照度

场所	照度/lx
一般办公室（正常）	500 ~ 750
纵深平面	750 ~ 1000
个人专用办公室	500 ~ 750
会议室	300 ~ 500
绘图室（一般）	500 ~ 750
绘图板	750 ~ 1000

6.3.3.3 照明设计

（1）天然光的利用

办公室的室内天然光环境对人的生理产生重要影响的同时，对人的心理产生的影响也不容忽视，有时这两种影响是相互的。比如，靠近窗户的人由于能够接受到较多的天然光，可降低季节性情感紊乱（SAD）症状发生的可能性。这种症状的产生有时很难区分是生理上还是心理上的因素，症状甚至会影响人的行为表现、工作效率和情绪变化等。重视天然光线的运用能够满足视觉的舒适性，体现空间的立体感、与自然的亲近感，以及直观地提供天气或时间的信息。

单独的天然采光会使窗口周围的照度较高，而远离窗口的环境缺乏理想的照度，在这些照度不足的地方就要补充人工照明。但是天然光不是稳定光源，随着时间的变化、气候的变化，天然光的质量也将发生变化，所以对于室内人工照明来说就要考虑可调节性，一般可采用分路照明和调光照明两种方式。分路照明是把室内人工照明分路串连成若干线路，根据不同情况通过分路开关控制室内人工照明，使办公室整体照明达到一定平衡。调光照明是在室内人工照明系统中安置调光装置，通过这种装置对室内照明进行控制。也可以两种方法综合使用。

另外，在建筑设计初期就应将采光口的设计与照明质量的关系作为重要因素进行考虑，在保证总体外观效果的前提下，尽可能使窗户大一些、多一些，窗越大，就会产生空间宽敞的感觉，还可以提高天然光的利用率，以达到节能的目的，如图6-21、图6-22所示。

图6-21 天然光的利用1（陶磊建筑工作室） 图6-22 天然光的利用2（Bisque娃娃工作室）

（2）减少眩光现象

作为以视觉工作为主的办公空间，防止眩光、降低眩光的危害是办公环境照明设计必须考虑的一个重要问题。在较为宽敞的房间中，若层高不高，则顶棚的光源易进入人的视线范围，从而产生眩光，所以要对顶部光源进行处理，一般可采用格栅或半透明格片对光源进行遮挡，如图6-23所示。

另外，办公空间中常采用的防眩光的方法还有以下几种。

① 降低顶棚的光源亮度，在工作台面及活动区域内增设可移动的光源，进行局部照明，以增加局部所需照度，如图6-24所示。

图6-23　减少眩光现象1（湖北国家电网办公大楼）　　图6-24　减少眩光现象2（陶磊建筑工作室）

② 减少桌面及周围环境中的反射眩光。

③ 所处位置较低的光源，如局部照明中的台灯、地灯及用于其他照明的壁灯等，应对光源进行遮挡，避免光源暴露在视线范围内。

（3）照明技术在办公空间的应用与探索

未来的工作场所，更加快捷的技术将是占绝对支配地位的存在，人员的各种活动都将高度依赖技术支撑。办公室灯具将不再仅仅提供照明功能，而成为各种新型功能的最佳载体，智能组件、传感器、内置无线连接等都将成为照明系统的必备部分。

Li-Fi（Light Fidelity）可见光无线通信技术是通过人眼不可见的方式调制LED的光线，发出高速光脉冲作为传输媒介完成无线数据传输的技术。该技术因为可用频带宽、通信储量大、传输效率高以及能耗低等特点，自诞生之日就得到通信领域的广泛关注。短短几年间，Li-Fi技术得到高速发展，部分产品已经实现产业化。PureLiFi公司于2016年底推出首款Li-Fi智能灯泡，飞利浦宣布在一家法国的房地产投资公司办公室内正式应用Li-Fi技术，LG、三星、东芝、思科等公司也加大力度进行Li-Fi技术的新研发。

LED照明技术、数字控制以及网络技术让办公室照明系统成为人员、设备和系统通过蓝牙或Li-Fi连接到互联网的基础设施，从而创建了一个照明互联网（Interact of Lighting，IoL）。IoL在将照明系统接入互联网的同时，也可以提供更好的照明，以配合办公人员的活动模式，提高舒适度和生产力，并可提供与照明相关的新服务，如设施管理、能源消耗监控或安全管理，办公室工作人员则可以据此个性化照明环境以获得个性化的舒适度，并且实现远程管理，从而减少碳足迹。固定办公桌可能仍然是办公空间不可或缺的部分，但云平台和移动数据终端允许工作人员随意走动，在任何喜欢的地方工作。人们将不再只固定于办公大楼的某个工位，而是在开放式办公楼层更灵活地占用和使用空间。这种新的工作方式也在对办公楼的管理方式提出新的要求。利用 Li-Fi 或蓝牙技术形成 IoL，结合智能数字控制技术，无疑将成为未来办公空间高效使用与管理的最为有力的技术支持。

6.3.4 旅馆建筑

6.3.4.1 相关照明标准

根据《建筑照明设计标准》GB 50034—2013，旅馆建筑照明标准值应符合表6-18的规定。

表6-18 旅馆建筑照明标准值

房间或场所		参考平面及其高度	照度标准值/lx	UGR	U_0	R_a
客房	一般活动区	0.75m 水平面	75	—	—	80
	床头	0.75m 水平面	150	—	—	80
	写字台	台面	300*	—	—	80
	卫生间	0.75m 水平面	150	—	—	80
中餐厅		0.75m 水平面	200	22	0.6	80
西餐厅		0.75m 水平面	150	—	0.6	80
酒吧间、咖啡厅		0.75m 水平面	75	—	0.4	80
多功能厅、宴会厅		0.75m 水平面	300	22	0.6	80
会议室		0.75m 水平面	300	19	0.6	80
大堂		地面	200	—	0.4	80
总服务台		台面	300*	—	—	80
休息厅		地面	200	22	0.4	80
客房层走廊		地面	50	—	0.4	80
厨房		台面	500*	—	0.7	80
游泳池		水面	200	22	0.6	80
健身房		0.75m 水平面	200	22	0.6	80
洗衣房		0.75m 水平面	200	—	0.6	80

注：*指混合照明照度。

6.3.4.2　旅馆的入口照明设计

　　旅馆建筑相对于其他民用建筑来说，在建筑形式上有着鲜明的特色，因此具有比较显著的易识别性。一般情况下，必须设置夜景照明，以强调它的位置及塑造良好的外部视觉印象。如图6-25所示。

图6-25　文莱达鲁萨兰国丽笙酒店入口

　　旅馆的招牌可设置在楼顶、雨篷上部或临街的建筑墙面上。招牌可以用投光照明，也可以用霓虹灯、氖管灯、灯箱来做。

　　主要入口有雨篷和车道顶棚的地方，在紧靠顶棚底部可做醒目的照明设计，给旅馆招牌和其他标记做补充照明。灯具可用槽形灯、星点灯、节能筒灯等，但要求与建筑立面形式和室内设计风格统一协调。

　　从入口到门厅，照明强度应逐步增加，使旅客的眼睛逐步适应亮度的变化。可以沿入口的通道设置独立的柱灯，既作为装饰，又是眼睛亮度的过渡照明。

　　旅馆的室外环境也应设置一定的功能照明，所有的汽车道、人口通道、停车场、花坛、草坪等，都必须有适当的照明，并设路标，保证人、车流线畅通。对于停车场及其入口，地面上的最小照度在20lx左右。

6.3.4.3　门厅照明设计

　　门厅是客人进入旅馆、酒店后所接触到的第一个空间，它是给客人产生第一印象的重要场所，作为酒店建筑序列空间的第一空间，它的重要性显而易见，所以从装修设计风格到照明设计，都要与酒店的整体风格相统一，使客人对整座旅馆、酒店产生良好的印象。但又要考虑到它仅仅是过渡空间，客人在此只会做短暂的停留，并且门厅往往会与主厅大堂等重要空间连接在一起，所以不应过于华丽、繁杂，通常应以宁静、典雅为基调，以衬托出大堂的华丽气氛。

对照明器的设计要相对简洁，不要过亮，以满足功能照度为准。门厅照明亮度要考虑同户外的亮度相协调，由于户外亮度是随季节、时间和当时气象条件的变化而变化，作为室外与室内的过渡空间，门厅的照明需考虑设置调光器来调节亮度，以适应室外照度的变化。

6.3.4.4 主厅、大堂照明设计

作为宾馆、酒店的重要组成部分，主厅、大堂担负着多种服务功能，在功能分区上通常设有接待区、休息会客区以及垂直交通区等。根据各个区域的功能需求设计合理的照明方式是照明设计中的首要问题，同时，作为一个完整的空间，各个区域的照明形式应力求协调统一，达到浑然一体的效果。

（1）接待区照明

以酒店总台为中心的接待区，是客人办理入住手续、咨询各类事务、办理结账手续的区域，或者说是一个酒店的窗口区域。由于其重要的功能作用，注定成为酒店大堂的中心区域，因此这个区域要有高于整个空间一般照度水平的照度，使这个区域能够成为整体空间色彩或视觉的焦点，为客人提供明确的服务位置。同时，考虑到客人阅读入住说明及填写相关资料的方便，服务台应采用垂直照明且亮度要均匀，除此之外，在照明方式上应尽量避免光线直入视觉范围，以免对人眼产生眩光，如图6-26、图6-27所示。

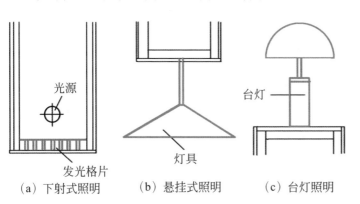

（a）下射式照明 （b）悬挂式照明 （c）台灯照明

图6-26 接待区照明

图6-27 澳大利亚墨尔本皇冠假日酒店接待台

（2）休息区照明

作为客人休息及会客的场所，旅馆、酒店的休息区对环境和气氛有着特殊的要求，安静私密且富有亲切感会让客人感到更为舒适，通过光环境设计是达到这一效果的有效手段。在照明设计中，应弱化这一区域的整体照明，同时强化出若

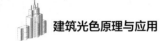

干独立的局部照明，使更多的客人享受独立的空间气氛。台灯是休息区照明中被设计师广为选用的照明工具，灯罩的上口射出的光可以作为空间内的气氛照明，台灯的下射光能够满足客人读书看报的需要，并可以限定出休息区域。

（3）垂直交通区照明

旅馆、酒店的垂直交通区是指在一些由多层空间组合而形成的大堂等大空间中的楼梯、电动扶梯等交通区域。作为酒店大堂的重要景观，其位置和装饰作用都是非常重要的，在照明设计中要兼顾功能性和装饰性两个方面，既要让楼梯有足够的照度，使人能够看清楼梯踏步，又要使它的立体感、材料质感得以适当的表现，使其具备一定的装饰作用。

（4）大堂内照明

大堂中不同的功能区域有不同的光照标准，对不同分区应有针对性的光环境设计。大堂主厅体现着酒店的文化特质，宜采用均匀的布灯方式，可广泛引用天然光与人工光相结合，并采用筒灯作为重点照明；总服务台作为工作人员与客人交流的场所，相对明亮，因此照度的水平较高，通常采用隐藏式并且显色性比较高的光源；休息区的照明应注重环境的舒适度，灯光的设计要富有层次，在选择和布置灯具时需要避免眩光的产生，以免给顾客带来不舒适的感觉；水吧的光环境设计应考虑到娱乐氛围，整体亮度不宜过高，多采用动静结合的照明效果，通常使用格栅射灯作为基本功能照明，天花灯作为重点照明。

在酒店大堂空间中局部区域的光环境应与整体空间相协调。对此可先确定酒店文化主题，再选择与之一致的光环境设计手法，避免出现灯光与周围环境格格不入的效果。对于层高较高的部分，还要考虑到光束的角度和投光距离的长短，避免天花和地面的上下光照亮度不协调，从而破坏整体空间氛围。

另外，防止眩光是健康照明的基本要素。在光环境设计中，应严格地模拟照明环境，根据照明规范要求调整照明设计参数与灯光布置。还要仔细分析灯具的特性、安装的位置，避免产生不舒适的眩光，威胁到人们的健康。

6.3.4.5 走廊、楼梯间的照明设计

旅馆、酒店中的走廊，是客人及服务人员活动较为频繁的场所，不同的走廊对照明的要求也不尽相同。通向会议室、餐厅、门厅等公共场所的走廊，使用频率较高且人流量较大，亮度要求较高，通常照度应在150lx左右，灯具要排列均匀，灯的间距在3～4m；客房走廊相对较长，而且是封闭的，由于缺少天然光源，全天照明几乎只能依靠人工手段，通常设计上较多采用隐蔽光源的照明器，如建筑美化照明、发光灯槽、嵌入式筒灯等，其目的是在提供有效照明的同时又防止眩光的产生。设置筒灯时，要考虑灯具的辐射角度与灯具间距的关系，避免

人的面部在某些位置处于阴暗之中。通向客房的走廊，照度在白天应达到150lx左右，晚上控制在20lx的低照明水平就够了，这种照度有利于走廊里的客人能够安静松弛下来，一方面符合客房的空间性质，另一方面有助于创造静谧、温馨的气氛，如图6-28所示。

楼梯间作为应急疏散的安全通道，照明设计要满足特殊情况下的要求，如应急照明、安全疏散标志，并且照度要保持不变。

6.3.4.6　客房照明设计

酒店客房具备了家的特质，因此其中需要营造宁静、安逸和亲切的气氛。在照明设计上重点强调光线柔和温馨。因此本书从不同的功能区域对客房光环境设计进行了分析说明。

图6-28　米兰维尤酒店走廊

首先，入口门廊处是住客对整个客房空间形成第一印象的地方，对于客房内部的空间效果有重要的影响。可在门上设置一个开门指示灯，表现对住客的人文关怀。灯具的安装要避免在客人的脸上形成阴影。

过道的天花一般选用筒灯或者下射式灯具。可以适当选择节能型灯具，但要考虑节能灯具的优缺点，具体问题具体分析。比如，如家商务快捷酒店主要是想给住客提供温馨、干净的住宿环境，所以酒店客房的入口门廊处天花中央是十分简单的嵌入式筒灯、节能灯管，放在屋顶处不会遮挡客人的视线，也不会形成阴影，而且照射的范围够广，色温与房间整体相一致。

酒店客房的休息区域主要是指床的周围区域，为了体现其静谧甚至懒散的特点，一般将这个区域的亮度控制在较低的范围内。因为住宿的客人年龄、性别、兴趣爱好都可能不同，所以这部分灯具采用自助的方式，根据自己的需求进行亮度调节。级别高的酒店还有感应和智能控制光系统来达到最舒适的效果。休息区域的灯光控制装置最好在客人躺下可控制的范围内，如图6-29所示。客房夜灯一般设置在床头柜下，以便看清鞋物及附近的桌椅等。夜灯表面亮度一定要低，其照度不宜高于1lx。

为满足商务客人的出行工作需求，应在酒店客房内的工作区域提供合适的照明设计，增加居住的舒适度。工作区域的照明主要由桌上的台灯来满足，在室内

图6-29　阿姆斯特丹洲际酒店客房卧室

整体照度较低时应开启其他光源或利用室外天然光进行补光，减少疲劳感；床边的局部照明设计是为满足某些住客的床上阅读的习惯而设置，床头灯的照射角度要保证不干扰房间其他客人休息，并通过调光系统调节光的强弱，避免产生眩光或手影，提高阅读的舒适度。

在卫生间内，一般照明通常采用荧光灯或白炽灯作为光源，但要求有良好的显色性及较高的照度，方便客人梳洗装扮。一般灯具设置在镜面上方，如卫生间过大，则要加设顶部照明，以补充其他环境的照明。客房卫生间镜前灯应安装在视野立体角60°以外，灯具亮度不宜大于2100cd/m²，光源色温可以适当偏高，配合较高的照度给人以整洁、明快的感觉。卫生间控制照明宜设在卫生间门外。

6.3.4.7　美容、美发室的照明

在一些档次较高的酒店中，为了方便客人，通常设有美容、美发室。此空间的照明设计最重要的是提供较高的照明水平、保证照度均匀性、塑造明亮洁净的整体空间效果。

（1）理发、烫发、吹风处的照明

理发师的工作要求较高的视觉可视性，以清楚地看出头发造型及头发的光泽。面向理发师的固定镜面是产生眩光的最大隐患，因此顶棚照明灯具的安装位置要注意不能形成镜面反射，同时镜面周围的装饰照明建议使用带乳白玻璃发光罩的灯具，尽量不要使用有较强指向性的投光灯。顶棚灯具距墙面1.8～2.2m之间，能避免眩光；灯具的位置相距1.1～1.4m较适宜。基本照明采用荧光灯照明，工作面上的照度在750～1500lx之间。

（2）洗发或美容处的照明

因为顾客在这里是面向顶棚的姿势，故在观看方向上不要有外露的光源，可用带罩荧光灯。洗发区照度为300 ～ 500lx即可，美容化妆区照度至少要在750 ～ 1500lx之间。

6.3.5 图书馆

6.3.5.1 相关照明标准

根据《建筑照明设计标准》GB 50034—2013，图书馆建筑照明标准值应符合表6-19的规定。

表6-19 图书馆建筑照明标准值

房间或场所	参考平面及其高度	照度标准值/lx	UGR	U_0	R_a
一般阅览室、开放式阅览室	0.75m水平面	300	19	0.6	80
多媒体阅览室	0.75m水平面	300	19	0.6	80
老年阅览室	0.75m水平面	500	19	0.7	80
珍善本、舆图阅览室	0.75m水平面	500	19	0.6	80
陈列室、目录厅（室）	0.75m水平面	300	19	0.6	80
档案库	0.75m水平面	200	19	0.6	80
书库、书架	0.75m水平面	50	—	0.4	80
工作间	0.75m水平面	300	19	0.6	80
采编、修复工作间	0.75m水平面	300	19	0.6	80

6.3.5.2 照明设计的一般要求

① 图书馆中主要的视觉作业是阅读、查找藏书等，照明设计除应满足照度标准外，应努力提高照明质量，尤其要注意降低眩光和光幕反射。

② 阅览室、书库装灯数量多，设计时应从灯具、照明方式、控制方案与设备管理维护等方面考虑采取节能措施。

③ 重要图书馆应设置应急照明、值班照明或警卫照明。应急照明、值班照明或警卫照明宜为一般照明的一部分，并应单独控制。值班照明或警卫照明也可利用应急照明的一部分或者全部。

④ 图书馆内的公用照明与工作（办公）区照明宜分开配电和控制。

⑤ 对灯具、照明设备选型、安装、布置等方面应注意安全、防火。

图书馆照明设计如图6-30和图6-31所示。

图 6-30　图书馆照明设计一　　　　　　图 6-31　图书馆照明设计二

6.3.5.3　阅览室照明设计

阅览室可采用一般照明方式或混合照明方式。面积较大的阅览室宜采用分区一般照明或混合照明方式。图书阅览室应按照 200 ～ 750lx 的照度设计，同时要求避免扩散光产生的阴影，光线要充足，不能有眩光，应该尽量减少书面和背景的亮度比。在阅览室要使书面的照度达到 300 ～ 1500lx，这时可用台灯补充照明。阅览室照明方式如图 6-32 和图 6-33 所示。其实景如图 6-34 和图 6-35 所示。

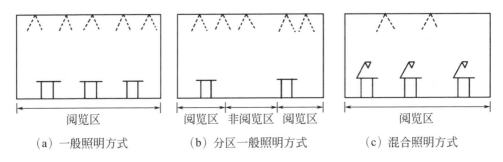

（a）一般照明方式　　　（b）分区一般照明方式　　　（c）混合照明方式

图 6-32　阅览室照明方式示意图

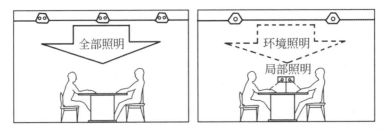

图 6-33　阅览室照明方式

图6-34 阅览室照明设计一　　　　　　图6-35 阅览室照明设计二

当采用分区一般照明方式时，非阅览区的照度一般可为阅览区桌面平均照度的1/3～1/2。

当采用混合照明方式时，一般照明的照度宜占总照度的1/3～1/2。

6.3.5.4　灯光布局改革

传统图书馆的灯光布局比较单调死板。一般采取的是同一种灯具，同高度、等距离布局。在灯光控制方面，大多采取层层电路开关并联的方式。此种灯光布置虽然设计安装都非常简单，后期维护也比较便利，但从现今图书馆多样性的功能和各功能相互融合的空间使用布局来看，已经不能满足实际的需求，更脱离了绿色图书馆提倡的低碳环保、和谐统一的思想。节约资源不能靠降低照明效果来实现。我们在合理使用天然光、用LED灯具替换传统高能耗灯具这两种手段以外，必须因地制宜，综合考虑使用目的与空间环境，设计合理的照明布局，并且可以通过先进的技术手段智能控制，以达到最佳效果。

（1）分区布局

按照具体问题具体分析的原则，灯具的布局与需要照明的具体位置密切相关。以读者服务最常见的两个区域为例，根据阅览区域和非阅览区域的照明要求不同，力求使阅览区域内能获得最有利的光照，因此，在阅览桌上方集中照明，桌子中间的通道使用少量灯具指引通行。这样，既可以满足综合照度的明亮，也可以在阅览桌覆盖范围内提高照明效率。如图6-36所示，箭头表示灯具，在阅览区域双排设计，非阅览区单排设计。

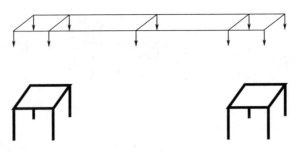

图6-36　分区布局

（2）混合安排

混合照明方式是利用两种不同的光源对照明区域进行加强，不仅可以满足照明强度的需要，而且可以消除阴影。同时，为了使工作面上获得较均匀的照度，应使灯具距离与灯在工作面上的悬挂高度之比（称为"距高比"）不超过各类灯具所规定的最大距高比。以书库为例，相对传统的闭架式库房管理，工作人员在书架前不需要阅读浏览，短暂的索书过程对灯具照度的要求并不高。但开架的图书管理模式使读者对书架区域照明要求提高，照度、舒适度、有无阴影等都是需要考虑的因素。传统的在两个书架中间顶端天花板安装灯具的办法有两大弊端：

① 高度带来了照度的降低，照度和距离的平方成反比，也就是说相同作业平面上，灯具距离我们越远，我们感受到的亮度越低；

② 高距离照明带来的光线散射范围大，而相对密集高大的书架会阻挡光线，造成阴影，不利于书架前的阅读。

在图6-37中，矩形表示书架，阴影区域表示光投影范围。

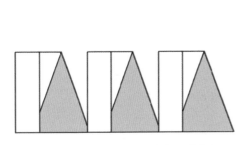

图6-37　天花板灯具光投影范围

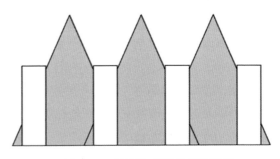

图6-38　带灯的书架光投影范围

对于书架区域，读者主要的视觉不会高于书架上方，因此可以使用带灯的书架，灯光在书架前降低了照明距离，也缩小了投影距离，如图6-38所示。

从图6-38中我们可以看到，阴影的问题得以解决，但是会有部分区域不在投影范围内。这个问题可通过使用LED灯来解决。由于LED灯的光线是散射光，光照照射面积大，无阴影，不会造成阅读上视力的压力。

在电子阅览区，由于读者的视觉集中在计算机上，我们也可在电脑桌上安装灯具；同理，可在阅览桌上安装台灯。有了此类短距离照明，提高了工作面照度，天花板上的照明灯具就可以大大减少，只在通道区域安装即可。

以上两种方式相辅相成，从空间和密度上协调安排，做到不浪费每一丝光线，图书馆的照明设计才会更加合理，最终实现减少灯具投入、降低用电成本的目的。

6.3.5.5 智能控制下的照明技术

智能控制（Intelligent Controls），指在无人干预的情况下能自主驱动智能机器实现控制目标的自动控制技术。现代照明控制技术是计算机技术、控制技术、网络技术相互融合、相互渗透，用于照明领域的综合性控制技术。它集照明配电与智能控制技术于一体，适用于现代建筑物中照明环境的有效控制，可营造一种有益于提高生产、工作、学习效率，提高人群生活质量，保护人群身心健康的照明环境。将智能控制应用于图书馆，可以通过以下方式实现。

（1）电路设计

电路设计不再是单一的并联，而是按照度等级分组、分相、间隔，合理设计照明回路。利用计算机系统将照明区域划分成不同的使用目的区，针对不同的区域设定相对的照度值，部分地区功能发生转变时，可通过系统调整照度设计。

（2）时间设置

图书馆作为公共场所，在传统的开关控制用电时代，忘记关闭电源是时常发生的事。在夜间无人状态下用电，不但浪费资源，还有一定的安全隐患。设置定时开关，系统根据工作日和工作时间，将不同区域的电源设定不同的开关时间，图书馆内的电灯、中央空调等设备会按时工作。

（3）照度调整

由于季节和天气的原因，图书馆内接收天然光的量是随时变化的。开关只能实现灯光的补充，却不能精细到补充的量。在不同位置安装照度感应器，提前预设该区域的理论照度。当天然光满足不了照明时，传感器会自动启动电源开关，并且控制电路，使照度值始终保持在理论范围内。

（4）行动感应

图书馆占地面积大，涉及的服务广泛。现代图书馆开放式管理造成许多空间长时间无人，灯和空调却一直开启。使用红外检测仪，当控制区域有人经过时，自动启动电源。此类感应方式尤其适用于书架自带和阅览桌自带的短距离照明灯。天花板少量照明长期开启，读者经过哪个书架或坐到哪个位置时，该区灯具通过感应自动点亮，不但节电，还营造了小范围温馨的阅读空间。

6.3.6 博物馆

6.3.6.1 相关照明标准

根据《建筑照明设计标准》GB 50034—2013，博览建筑照明标准值应符合下列规定：

① 美术馆建筑照明标准值应符合表6-20的规定；

② 科技馆建筑照明标准值应符合表6-21的规定；

③ 博物馆建筑陈列室展品照度标准值及年曝光量限值应符合表6-22的规定，博物馆建筑其他场所照明标准值应符合表6-23的规定。

表6-20 美术馆建筑照明标准值

房间或场所	参考平面及其高度	照度标准值/lx	UGR	U_0	R_a
会议报告厅	0.75m 水平面	300	22	0.6	80
休息厅	0.75m 水平面	150	22	0.4	80
美术品售卖	0.75m 水平面	300	19	0.6	80
公共大厅	地面	200	22	0.4	80
绘画展厅	地面	100	19	0.6	80
雕塑展厅	地面	150	19	0.6	80
藏画库	地面	150	22	0.6	80
藏画修理	0.75m 水平面	500	19	0.7	90

注：绘画展厅、雕塑展厅的照明标准值中不含展品陈列照明。

表6-21 科技馆建筑照明标准值

房间或场所	参考平面及其高度	照度标准值/lx	UGR	U_0	R_a
科普教室、实验区	0.75m 水平面	300	19	0.6	80
会议报告厅	0.75m 水平面	300	22	0.6	80
纪念品售卖区	0.75m 水平面	300	22	0.6	80
儿童乐园	地面	300	22	0.6	80
公共大厅	地面	200	22	0.4	80
球幕、巨幕、3D/4D影院	地面	100	19	0.4	80
常设展厅	地面	200	22	0.6	80
临时展厅	地面	200	22	0.6	90

注：常设展厅和临时展厅的照明标准值中不含展品陈列照明。

表6-22 博物馆建筑陈列室展品照度标准值及年曝光量限值

类别	参考平面及其高度	照度标准值/lx	年曝光量/（lx·h/a）
对光特别敏感的展品：纺织品、织绣品、绘画、纸质物品、彩绘、陶（石）器、染色皮革、动物标本等	展品面	≤ 50	≤ 50000
对光敏感的展品：油画、蛋清画、不染色皮革、角制品、骨制品、象牙制品、竹木制品和漆器等	展品面	≤ 150	≤ 360000
对光不敏感的展品：金属制品、石质器物、陶瓷器、宝玉石器、岩矿标本、玻璃制品、搪瓷制品、珐琅器等	展品面	≤ 300	不限制

注：1.陈列室一般照明应按展品照度值的20%～30%选取。

2.陈列室一般照明UGR不宜大于19。

3.一般场所R_a不应低于80，辨色要求高的场所，R_a不应低于90。

表6-23 博物馆建筑其他场所照明标准值

房间或场所	参考平面及其高度	照度标准值/lx	UGR	U_0	R_a
门厅	地面	200	22	0.4	80
序厅	地面	100	22	0.4	80
会议报告厅	0.75m水平面	300	22	0.6	80
美术制作室	0.75m水平面	500	22	0.6	80
编目室	0.75m水平面	300	22	0.6	80
摄影室	0.75m水平面	100	19	0.6	80
熏蒸室	实际工作面	150	22	0.6	80
实验室	实际工作面	300	22	0.6	90
保护修复室	实际工作面	750*	19	0.7	90
文物复制室	实际工作面	750*	19	0.7	90
标本制作室	实际工作面	750*	19	0.7	90
周转库房	地面	50	22	0.4	80
藏品库房	地面	75	22	0.4	80
藏品提看室	0.75m水平面	150	22	0.6	80

注：*指混合照明的照度标准值。其一般照明的照度值应按混合照明照度的20%～30%选取。

6.3.6.2 陈列室的天然光环境设计

在博物馆、美术馆中，观众的主要活动就是观赏陈列室中的展品。光不仅能揭示展品，还能将展品的魅力充分展现在观众面前。陈列室光环境的好坏关系着博物馆的使用效果。

采光口既是采集天然光的入口，也是外部环境的取景框，以不同入射方式进入室内的光线穿透玻璃，经过折射、反射，会产生不同的光效，从而影响建筑空间，故采光口的设计是天然光环境设计的核心。采光口的位置与尺寸不仅与室内空间中天然光的分配紧密相关，同时还涉及室内外场景的连续性。按采光口的位置可分为：顶部采光和侧墙采光两大类。

（1）顶部采光

顶部采光有天窗采光、侧顶采光和导光管日光照明系统几种。其中，天窗采光又可分为采光屋面、集中式天窗和分散式天窗。侧顶采光的原理与侧窗采光相类似，该种采光方式通过侧向把天然光集聚到顶部空间，再经过一定的折射、反射处理，最后光线归于均匀，将所需场合照亮。与顶部采光相比，侧顶采光可有效防止眩光，其在室内空间获得的照度也更均匀。博物馆建筑中的侧顶窗常用低透过率的玻璃、百叶窗等控制进光量。

顶部采光是一种较为适合博物馆展厅的采光方式，它既可以提供相对均匀的照度，也可以最大限度地引入天然光，还可以避免光线直接照射在展品表面，能防止伤害展品（图6-39）。此外，相对于在墙面开窗，顶部采光还扩大了有效展览面积。但缺点是采光口的管理与清洁较为不便。图6-40、6-41给出了两个博物馆顶部采光的实例。

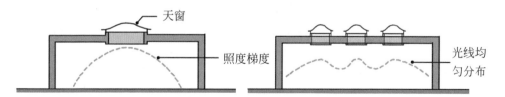

图6-39　顶部采光口对空间内光线分布的影响

图6-40　佛罗伦萨美术学院大卫雕像处的顶部采光　　　图6-41　苏州博物馆天窗

（2）侧墙采光

根据采光窗位置不同可分为高侧窗、低侧窗和转角窗几类。高侧窗采光的采光窗口位置距地面2.5m以上，高于观察者水平视线。采用高侧窗可将光线射入房间较深的部位，有利于为展厅提供更充足的光照，扩大有效展陈面积，提高照度的均匀性，同时减少眩光，但是对建筑层高有一定要求，且窗下的墙面会产生阴影，导致窗墙之间亮度对比过于强烈，应设置补光或反射表面来加以调控。相较于高侧窗，低侧窗采光具有更明确的方向性，且构造简单，易于管理。但会遇到展厅室内照度分布不均匀等问题。该种采光方式使得博物馆内部空间与外部环境产生视觉上的沟通与联系，能有效缓解观众的视觉压力，同时可减少博物馆空间的封闭感。此外，对于一些处于特殊地段的博物馆，侧窗还可以通过对周边景观的反映来提示参观者博物馆建筑所处的特殊地理位置，从而更好地突出博物馆主题。

图6-42、图6-43给出了两个博物馆侧墙采光的实例。

图6-42　米兰达·芬奇科技博物馆　　　　图6-43　佛罗伦萨乌菲兹美术馆

6.3.6.3　陈列室的人工照明设计

由前文可知，光谱中的紫外线和红外线、长时间光照和光照产生的热量都会对展品产生影响，选择恰当的照明方式和光源，对展陈效果起到举足轻重的作用。在博物馆中，人工照明常采用卤钨灯等冷光源以及紫外线、红外线辐射较低的LED光源，结合滤光材料，对辐射进行过滤。博物馆中常用的人工照明方式有以下几种。

（1）整体照明

整个展厅的基础照明，即展示空间的背景光，目的是照亮整个空间。根据展厅的不同位置、开窗方式分别设计，尽量以天然光为主，配合泛光照明和间接照明。

整体照明的特点为照度均匀、光线的排布统一，它可以使空间具有更强的整体性，使空间氛围和谐统一。展陈空间的整体照度不宜过高，应以突出展品为主。

日本千叶Hoki博物馆画廊内的一般照明设施被安置在天花板上直径约64mm的小孔里，这些小孔的排布经过设计师精心的布置，其目的是在为展厅提供均匀明亮的基础照明的同时，为参观者营造出身处银河一般梦幻的空间效果（图6-44）。

（2）重点照明

与整体照明相比，重点照明具有明确的目的性和方向性，它的目的在于突出展品，展示展品细节（图6-45）。

图6-44　日本千叶Hoki博物馆

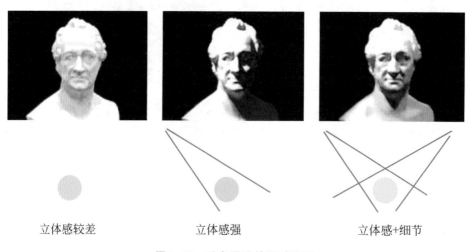

立体感较差　　　　　　立体感强　　　　　　立体感+细节

图6-45　重点照明效果对比图

对于雕塑等展品，为了突出其立体效果，全面展现其形状、色彩、质感、阴影，在照明时常常采用从观众观看一侧进行定向照明，而从另一侧进行漫射照明，或使用不同颜色的光从不同方向进行投射的方式。高对比度的光影变化强调了展品形状，凸显细部质感，形成独特的效果（图6-46）。

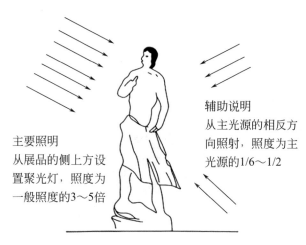

图6-46　雕塑照明示意图

对于书法画作类展品，常使用窄光束定向照明，精确限制光束可使画作产生由内而外透亮的感觉。同时，自然地将博物馆参观者的注意力吸引到艺术作品上。

希腊雅典新卫城博物馆的女雕像展馆分别在顶部和侧墙上以轨道式射灯和射灯共同为雕像照明，以更好地展现雕像的立体性。顶部射灯从多个角度分别照亮雕像的主体部分，同时，为了柔化脸部阴影，由侧墙上的轨道式定向射灯为雕像提供重点照明。参观者可以从不同高度和角度对雕像进行近距离观察。来自不同角度的光线凸显了雕塑细节，将其精妙之处展露无遗。

6.3.6.4　陈列室天然光与人工照明设计的互补与协同

如何处理天然光与人工照明的平衡关系是博物馆展陈空间光环境设计中的关键环节。由于天然光会随着时间和天气的变化而波动，如何配合其变化对人工光进行互补协同设计以取得稳定的光环境便显得尤为重要。人工照明与天然采光的配合应做到衔接自然，具体方法有下面的几种。

（1）模拟天然光的光色和变化来设计人工照明

旧金山现代艺术博物馆大部分展廊皆采用天然光照，柔和的漫射光由顶棚上拱形的采光带经两层玻璃过滤后均匀洒下。同时，为避免阴天或傍晚天然光线不足时影响展厅照度，在曲面顶端的隐蔽凹槽里皆设有人工光源，光源光色与入射角度也尽量做到与当地天然光一致，力求二者间的自然转换（图6-47）。

（2）使用智能感光控制系统来消除或减弱二者间的差异

日光是雅典新卫城博物馆中很重要的组成部分，大多数时候，日光为展品提供了充足的光源。然而，为避免强烈的日光直射展品，日光的强度必须可控，故设计师将日间的人工照明开关与屋顶的感光器联系在一起，当由于天气原因日光

图6-47 旧金山现代艺术博物馆

图6-48 雅典新卫城博物馆

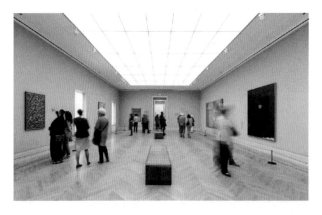

图6-49 波恩当代美术馆

强度非常低时，便会自动开启。为展品提供照明的轨道式定向射灯被安装在天窗两侧的灯槽里，十分隐蔽。天然采光和人工照明的光源都来自屋顶上的天窗，做到了自然与人工光环境的完美融合（图6-48）。

波恩当代艺术美术馆，由于馆内展出的艺术品并非光敏感度很高的展品，故具有高色彩还原度的天然光是其理想的照明光源。顶层展厅通过由井字梁划分出的方形采光口采集天光，每个采光口都配备了遮光设施和照明灯具，在光线过于强烈的时候可以分组关闭采光口以控制光线强度；当天然光照度不够时又可以开启人工照明，为展厅提供与天然采光光色相似、方向一致的人工光（图6-49）。在一年中的大部分时间里，天然光可为美术馆提供充足的光照，仅在冬季傍晚和天气不佳的状态下需开启人工光源辅助，由此也为博物馆运营节省了可观的开支。类似的设计还有德国慕尼黑现代绘画艺术陈列室，通过电脑控制百叶，使天然光与人工光在亮度和光色方面始终保持平衡。

（3）采用天然光作为展厅的基础照明，通过人工光来强调展品、照亮细节

虽然这种方式对天然光能量的利用率较低，然而避免了直射阳光对光敏感度较高展品的损害，同时也为展示空间带来了自然轻松的氛围，也是一种值得采纳的设计手法。

6.4 室外照明设计

6.4.1 道路照明设计

6.4.1.1 道路照明设计原则

① 机动车交通道路的照明是功能性照明，应选用功能性灯具以确保路面上的各项照明指标均符合标准的要求（图6-50）。在满足功能要求的前提下，追求灯具美观。若机动车交通道路两侧有较宽或很宽的非机动车道、人行道、绿化带，还需专门为它们设置照明时，可选用装饰性灯具。

② 新建或改建的道路应由道路工程师、市政道路工程师、城市规划师以及园艺景观工程师对机动车道的功能性照明，人行道、绿化带的装饰性照明等进行统一规划和设计。但机动车道的功能性照明要由道路照明工程师决策，并符合相关功能性照明标准。要注意两种照明的互相影响，尤其要避免装饰性照明产生的光、色和阴影干扰在机动车道上行驶的驾驶员的眼睛，分散驾驶员的注意力。

③ 努力减少光污染和光干扰。道路照明是光污染及光干扰的主要来源，要从多方面入手尽可能减少路面反射或直接射向空中的光线。临街有居住建筑时，要采取必要措施，避免过多光线射入居室、干扰居民的作息。

图6-50 道路照明

④ 无论是功能性照明还是装饰性照明都不是越亮越好，要亮得科学，亮得合理，也就是说满足标准要求就可以了。过亮，不但会造成能源的浪费，而且会造成种种弊端。

⑤ 在设计理念上必须注意，道路照明设施和其他道路设施一样必然和环境息息相关。所用光源灯具应体现该道路的特征；所有照明设施，无论是白天或夜间其外观都很重要，包括灯杆、灯臂、灯具造型、各部分比例以及整体性乃至颜色都要认真考虑，力争达到极佳艺术效果，并和整个环境相协调。各种灯光应主要考虑行车要求，宜有规律地布置。标志应明显，导向性强；城市道路的装饰应以组合的形式规则排列；单幅广告应注意简洁、醒目，整体性强；多幅广告则可结合灯柱、护栏等重复出现，起到广告、装饰双重作用。灯饰的造型和外观颜色既要美，又要简洁，在功能上应当合理，如果一味追求美，装饰过多，反而破坏了景观。

⑥ 城市道路兴奋点的设置。在形成城市道路灯光环境的过程中，不可能所有道路或一条道路的每个部分都同等对待，也不可能都有同样的灯光表现，这就存在着重点灯光表现的问题，即视觉上的兴奋点的设置。

道路上及其两侧的视觉兴奋点的出现频率应主要参考视点运动的速度及角度来确定。针对行车速度，兴奋点的间隔应较大，针对行人速度，兴奋点的间隔应较小，甚至是连续的。而同时考虑街心的行车及两侧的行人，应分别根据其速度及角度，在近人尺度设计小间隔兴奋点，在高处或顶部设置较大间隔兴奋点，以满足不同状态下的视觉效果。

⑦ 从城市的总体布局出发，城市中的重点道路，如交通性干道、生活性干道，尤其是城市中的游览路，应是灯光环境设计的重点。游览路常穿越城市中有特色的区域，是人们领略城市特色的较佳路段，不仅街道本身较为美观，街两侧的建筑、广场均有一定的代表性，因此，结合城市游览路的灯光环境或有目的地创造城市游览灯光环境，是城市道路灯光环境的切入点。以重点道路及游览路为基础，形成基本构架，逐渐延伸，主次相生，形成完整的城市道路的灯光环境。

⑧ 装饰性照明设施往往安装高度比较低，有的随手就可以触及，因此选用的灯具、零部件的防触电保护等电气性能应符合有关标准要求，施工安装也要符合有关规范并严格验收程序，确保日后使用时的人身安全。

⑨ 道路照明设施要利于维护和管理。设计、选用照明设施时一定要考虑到使用期间的维护和管理。只有维护和管理方便，制订的维护管理计划才能真正实施，才有可能使设施时刻保持在最佳使用状态。

6.4.1.2 道路照明方式

道路及与其有关的特殊场所的照明方式分常规照明、高杆照明、纵向悬索式照明及栏杆照明四种。

（1）常规照明

① 常规照明是平常用得最多的照明方式。其特点是顶端安装1～2个普通路灯，灯具（即常规路灯灯具）的灯杆按一定间距有规律地连续设置在道路的一侧、两侧或中间分车带上；灯具的光束轴线指向或接近指向道路的轴线；灯杆的高度通常不超过12m，因而不需要专门的液压高空作业车就可以维护管理。

② 常规照明有单侧布置、双侧交错布置、双侧对称布置、横向悬索布置和中心对称布置五种基本布灯方式（图6-51）。

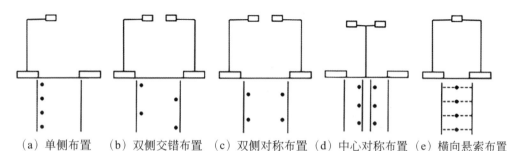

（a）单侧布置　（b）双侧交错布置　（c）双侧对称布置　（d）中心对称布置　（e）横向悬索布置

图6-51　常规照明灯具布置的五种基本方式

③ 采用常规照明方式时，灯具的配光类型、布灯方式、安装高度和间距应满足表6-24的规定。

表6-24　灯具配光类型

灯具配光类型	截光型		半截光型		非截光型	
布灯方式	安装高度 H/m	间距 S/m	安装高度 H/m	间距 S/m	安装高度 H/m	间距 S/m
单侧布置	$H \geqslant W_{eff}$	$S \leqslant 3H$	$H \geqslant 1.2W_{eff}$	$S \leqslant 3.5H$	$H \geqslant 1.4W_{eff}$	$S \leqslant 4H$
双侧布置	$H \geqslant 0.7W_{eff}$	$S \leqslant 3H$	$H \geqslant 0.8W_{eff}$	$S \leqslant 3.5H$	$H \geqslant 0.9W_{eff}$	$S \leqslant 4H$
对称布置	$H \geqslant 0.5W_{eff}$	$S \leqslant 3H$	$H \geqslant 0.6W_{eff}$	$S \leqslant 3.5H$	$H \geqslant 0.7W_{eff}$	$S \leqslant 4H$

注：W_{eff}为路面有效宽度（m）。

④ 灯具悬挑长度不宜超过安装高度的1/4，灯具的仰角不宜超过15°（图6-52）。

（2）高杆照明

① 高杆照明通常是指一组灯具安装在高度大于20m（含20m）的灯杆上进行大面积照明的一种照明方式。

② 高杆灯从结构上分，有固定式和升降式两种，宜根据使用条件选择。

③ 灯具的配置方式有平面对称、径向对称和非对称三种。宽阔道路宜采用平

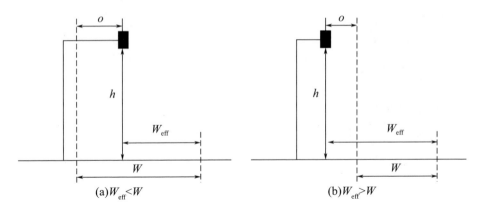

图6-52　路面有效宽度（W_{eff}）和路面宽度（W）与灯具悬挑长度的关系

面对称配置方式；广场和道路布置紧凑的立体交叉宜采用径向对称配置方式；多层大型立体交叉和道路分布很广、很分散的立体交叉宜采用非对称配置方式。

④ 灯杆不得设在危险地点或维护时会严重妨碍交通的地方。

⑤ 采用普通截光型路灯按平面对称式配置灯具的高杆灯，其间距和高度之比以3∶1为宜，不应超过4∶1；采用泛光灯按径向对称式配置灯具的高杆灯，其间距和高度之比以4∶1为宜，不应超过5∶1；采用泛光灯按非对称式配置灯具的高杆灯，间距和高度之比可适当放宽些（图6-53）。

⑥ 灯具的最大光强方向和垂线夹角不宜超过65°。

⑦ 市区设置的高杆灯应在满足照明功能要求的前提下，力求样式美观，做到与环境相协调。

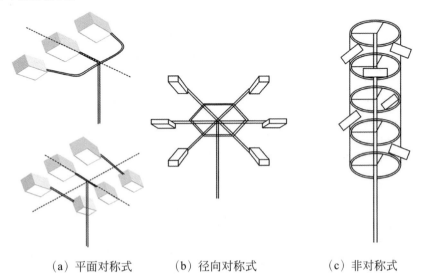

（a）平面对称式　　　（b）径向对称式　　　（c）非对称式

图6-53　按灯具配置方式进行的高杆照明分类

（3）纵向悬索式照明

纵向悬索式照明（图6-54）是在道路中央的分车带上设立灯杆，在各个灯杆之间拉上钢丝索，将灯具悬挂安装在钢丝索上对路面进行照明。只能用于中央分车带道路，一般灯杆高度15～20m，灯杆间距为60～100m，灯具安装间距一般为安装高度的1～2倍。

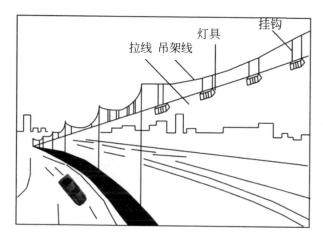

图6-54　纵向悬索式照明系统

（4）栏杆照明

① 栏杆照明是指沿着道路走向，在车道两侧的栏杆上或防护墙上距地面1m左右的高度设置灯具。

② 仅适用于道路较窄，有1～2条车道的场合。

6.4.1.3　道路照明设计方法

（1）一般机动车交通道路的照明

① 应采用常规照明方式。在树木多、遮光严重的道路或楼群区难以安装灯杆的狭窄街道可采用横向悬索布置。

② 采用常规照明方式时，灯具的安装间距、高度与道路等之间的关系应满足表6-23的规定，为了避免或减少撞杆事故，灯杆至路缘的距离应大于0.5m。

③ 对亮度（或照度）水平和美观要求高的宽阔道路可采用半高杆照明（或称组合灯照明），灯杆的安装高度、间距等各种参数间的关系和常规照明相同。

④ 路面宽阔的快速路、主干路必要时可采用高杆照明，并应符合有关要求。

（2）非机动车交通道路及人行道照明设计

① 若非机动车道、人行道本身不宽，又紧靠着机动车道（即分车带很窄或没有）则可不单设照明，借助主要机动车道的常规路灯向后射出的光，就可满足非机动车道和人行道的照明需要。

② 若非动机车道、人行道较宽，非机动车道和机动车道之间的分车带又有一定宽度，这时最通常的做法是与机动车道照明共用同一灯杆，专设一排灯具照明非机动车道和人行道（即双火灯）。采用的灯具通常为常规道路照明灯具，但光源的功率要比照明机动车道的小。

③ 若人行道较宽，路旁又有花坛、灌木丛等构成的绿化带，需要为人行道和绿化带单独设置照明时，可在人行道旁、绿化带内设置装饰照明。灯杆高度一般为3～6m，灯具可为全漫射型玻璃灯具、多灯组合灯具、下射式筒形灯具及反射式灯具等。采用这种照明方式时尤其要注意防止产生干扰驾驶员和行人的眩光。为此，一是安装高度要合适，不要安装在视平线上；二是不能采用裸灯或全透明玻璃灯具；三是不要距机动车道太近。若只为花坛、灌木丛等设置照明，则可在绿化带内安装高度为50～100cm的桩柱式灯具。

（3）平面交叉路口照明设计

既要保证此处的地面有满足标准要求的足够照明，还要为交叉口处的四周环境提供适当的照明；在交叉口处照明设置可选择采用与相连道路具有不同外形、照明方式、光色、安装高度等的灯具；交叉口的照度水平应高于每一条通向该路口的道路的照度水平；对交叉口处的路缘石、隔离带等设施应提供相应的照明。

以上是几种典型的交叉路口布灯方案。

① 一条道路安装照明，一条道路未安装（图6-55）。

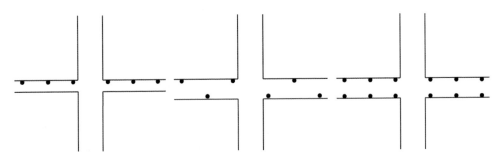

（a）采用单侧布置灯具的道路与无照明道路相交叉时，交叉口的灯具布灯方法

（b）采用双侧交错布置灯具的道路与无照明道路相交叉时，交叉口的布灯方法

（c）采用双侧对称布置灯具的道路与无照明道路相交叉时，交叉口的布灯方法

图6-55　一条道路安装照明，一条道路未安装

② 两条布灯道路相交叉（图6-56）。

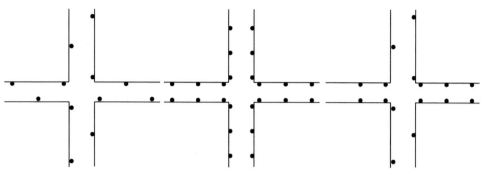

（a）两条均采取双侧交错布灯方式的道路相交叉时，交叉口的布灯方法

（b）两条均采用双侧对称布灯方式的道路相交叉时，交叉口的布灯方法

（c）分别采用了交错布灯和对称布灯的两条道路相交叉时，交叉口的布灯方式

图6-56 两条布灯道路相交叉的灯具布置方法

③ 设置专供转弯车辆使用的转弯匝道，转弯匝道入口和出口都应专门设置灯具（图6-57）。

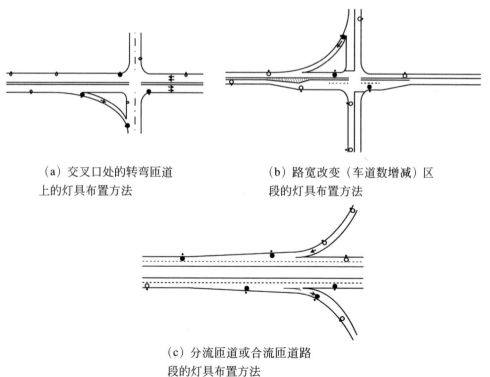

（a）交叉口处的转弯匝道上的灯具布置方法

（b）路宽改变（车道数增减）区段的灯具布置方法

（c）分流匝道或合流匝道路段的灯具布置方法

图6-57 转弯匝道的灯具布置方法

④ T形交叉路口（丁字路口）的布灯方法应强调对道路尽端的提示（图6-58）。

⑤ 环形交叉路口设置照明时，应充分显现环岛、交通岛和路缘石（图6-59）。

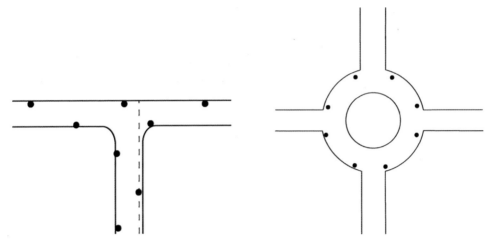

图6-58　T形交叉路口的灯具布置方法　　　　图6-59　环形交叉路口的灯具布置方法

6.4.1.4　道路照明标准

（1）机动车道照明标准值（CJJ45—2015）

设置连续照明的机动车道的照明标准值应符合表6-25的规定。

表6-25　机动车道照明标准值

级别	道路类型	路面亮度			路面照度		眩光限制阈值增量 TI/100%最大初始值	环境比 SR 最小值
		平均亮度 L_{av}/(cd/m²) 维持值	总均匀度 U_0 最小值	纵向均匀度 U_L 最小值	平均照度 E_{av}/lx 维持值	均匀度 U_E 最小值		
I	快速主干路	1.5/2	0.4	0.7	20/30	0.4	10	0.5
II	次干路	1/1.5	0.4	0.5	15/20	0.4	10	0.5
III	支路	0.5/0.75	0.4	—	8/10	0.3	15	—

注：1.表中所列的平均照度仅适用于沥青路面，若系水泥混凝土路面，其平均照度值相应降低约30%。

2.表中各项数值仅适用于干燥路面。

3.表中对每一级道路的平均亮度和平均照度给出了两档标准值，"/"的左侧为低档值，右侧为高档值。

4.迎宾路、通向大型公共建筑的主要道路，执行 I 级照明。

（2）交会区照明标准值

交会区的照明标准值应符合表6-26的规定。

表6-26 交会区照明标准值

交会区类型	路面平均照度 $E_{h,av}$/lx 维持值	照度均匀度 U_E	眩光限制
主干路与主干路交会	30/50	0.4	在驾驶员观看灯具的方位角上，灯具在90°和80°高度角方向上的光强分别不得超过10cd/1000lm和30cd/1000lm
主干路与次干路交会			
主干路与支路交会			
次干路与支路交会	20/30		
支路与支路交会	15/20		

注：1.灯具的高度角是在现场安装姿态下度量。

2.表中对每一类道路交会区的路面平均照度分别给出了两档标准值，"/"的左侧为低档照度值，右侧为高档照度值。

（3）人行道及非机动车道照明标准值

主要供行人及非机动车行驶的道路的照明标准值应符合表6-27的规定，眩光限值应符合表6-28的规定。

表6-27 人行道及非机动车道照明标准值

级别	道路类型	路面平均照度 $E_{h,av}$/lx 维持值	路面最小照度 $E_{h,min}$/lx 维持值	最小垂直照度 $E_{v,min}$/lx 维持值	最小半柱面照度 $E_{sc,min}$/lx 维持值
1	商业步行街，市中心或商业区行人流量高的道路，机动车与行人混合使用、与城市机动车道路连接的居住区出入道路	15	3	5	3
2	流量较高的道路	10	2	3	2
3	流量中等的道路	7.5	1.5	2.5	1.5
4	流量较低的道路	5	1	1.5	1

注：最小垂直照度和半柱面照度的计算点或测量点均位于道路中心线上距路面1.5m高度处，最小垂直照度需计算或测量通过该点垂直于路轴的平面上两个方向上的最小照度。

表6-28　人行道及非机动车道照明眩光限值

级别	最大光强 I_{max}/（cd/1000lm）			
	≥70°	≥80°	≥90°	≥95°
1	50	100	10	<1
2	—	100	20	—
3	—	150	30	—
4	—	200	50	—

注：表中给出的是灯具在安装就位后与其向下垂直轴形成的指定角度上任何方向上的发光强度。

6.4.1.5　道路景观照明设计要求

（1）设计对象

道路景观照明设计包括五大部分：行车道照明（主要是功能性照明）、沿街建筑照明（建筑立面景观照明）、街道设施的照明（既有功能性照明的问题，也有景观性照明的问题）、人行道照明（主要是景观性照明）、交会区照明（功能性和景观性一起考虑）。应特别注意交会区的功能照明标准高于路段部分，因为这是最危险的地方，车辆要交会，需要提高照度，减少人们的判断时间，以提高安全性。

在做具体道路景观照明设计时，要先做一个道路沿线的载体分析，再结合道路沿线使用功能的差异，做出一个合理的景观照明规划，以使街道的景观照明效果经济且恰如其分。注意是"恰如其分"，而不是"更好"。因为道路不同区段由于使用功能不同，景观照明所要求的分量也有所不同，因此只有以恰当的形态和分量来表现，才能表现出应有的景观照明效果。

（2）设计原则

①尺度统一。指当使用有一定体量的灯具时，必须考虑道路自身宽度和两侧的载体状况，应使其与周围的载体形成一个合理的比例，从而产生良好的比例感。

②动静统一。功能照明不希望有动态光线的变化，但动态照明却更强化景观效果，因此要很好地把控动静关系，主要考虑不对驾驶员产生视觉干扰。

③适宜性。灯具的安装要考虑实际状况，合适就装，不合适就不要勉强装。

④导向性（图6-60）。将景观性与功能性完美结合。

（3）道路景观照明设计的方法

注意确定城市道路景观照明设计的重点。对于城市中的道路，在景观照明设计时不可能等同对待，一般对于城市中的重点道路，如交通性干道、生活性干道、在城市总体布局中占有重要地位的道路，以及城市景观的游览路线上的道路，应该成为景观照明设计的重点。

图6-60　道路景观照明的导向性

　　道路景观设计常用的方法有选用造型优美的路灯、景观灯与路灯合一、路灯和景观灯混用三种方法。

　　① 选用造型优美的路灯。在路灯的灯杆上进行适度的艺术化处理,将路灯的功能照明和景观性结合,适用于新建道路。

　　② 景观灯与路灯合一。景观灯与路灯合一的景观照明方法就是让景观灯同时兼具功能照明的作用。此种方法适用于生活性道路或较窄的道路。

　　③ 路灯和景观灯混用。即路灯担负功能照明的职责,景观灯担负景观照明的职责,两者各司其职,适用于众多已建道路。

6.4.2　广场照明设计

6.4.2.1　广场照明设计技术要求

（1）照度水平

　　广场的照度水平应符合《城市夜景照明设计规范》JGJ/T163—2008的规定（表6-29）。

表6-29　城市夜景照明设计规范

照明场所	绿地	人行道	公共活动区				主要出入口
			市政广场	交通广场	商业广场	其他广场	
水平照度/lx	<3	5～10	15～25	10～20	10～20	5～10	20～30

注：1.人行道的最小水平照度为2～5lx。

　　2.人行道的最小半柱面照度为2lx。

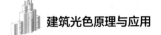

（2）亮度分布

广场的亮度控制，从宏观上讲，应先对广场有一个总体的把握，然后围绕设计主题和总体构思，再展开各分区、各细部的照明设计。另外，还要注意一个区域内各载体的亮度的把控问题，即所谓的主观亮度问题。一般来讲，希望设计目标物与背景产生强烈的对比，则可控制目标物亮度与背景亮度之间的对比度在20～30；相反，则可控制在3～5之间。

6.4.2.2　广场照明设计的艺术要求

（1）创造气氛

光线和色彩是创造空间气氛的重要因素。空间的气氛也因光色的不同而变化。对光色的选择应根据不同气候、环境和广场的风格来确定。如使用霓虹灯、各种聚光灯的多彩照明，可使广场的气氛更加生动活跃；用暖色光照明，可使环境气氛得到一定的强调；而用青绿色光的照明，在夏季则给人以舒适凉爽的感觉。

（2）加强空间感

广场空间的感觉可以通过光的作用表现出不同的效果，当采用漫射光作为空间的整体照明时，能使空间有扩大的感觉。直射光线能加强物体的阴影以及光影对比，使空间立体感得到加强。通过不同光的特性，通过亮度的不同分布，可以强调希望被注意的地方，也可以用来削弱不希望被注意的次要地方，从而使广场环境得到进一步的完善和美化。照明还可以改变空间的虚实感觉，使物体和地面脱离，形成悬浮的效果。

（3）光影艺术

光和影本身就是一种表现的艺术，如阳光透过树梢向地面洒下一片光斑，疏疏密密随风变幻。我们在进行照明设计中，应该充分利用各种照明装置，形象生动地表现光影效果，从而丰富空间的内容。处理光影的手法多种多样，既可以表现光为主，也可以表现影为主，还可以表现光影合璧。

6.4.2.3　广场照明设计手法

（1）市政广场照明

市政广场的属性决定了其规模一般比较大，希望形成宏伟庄严、神圣、辉煌的气氛。其景观照明设计需注意以下几点。

① 强化几何构图。广场一般有比较规则和明确的几何构图，设计中心应该对其进行强化。通过光源、灯具等的选择和布局，很容易使广场原有的几何构图得到强化，从而给人们一个更加明确和清晰的构图印象，并通过照明光色的合理运用，表现出广场应有的氛围。

② 突出重点或中心建筑。广场一般具有明确的重点或者中心建筑（如主题雕塑、建筑），设计时应做到重点突出，使广场的视觉中心落在重要的建构筑物上，以突出其中心地位，一般这些部位的亮度应与周围环境亮度形成强烈的对比。例如天安门广场，白天视觉中心是人民英雄纪念碑，夜晚也要通过照明突出这个视觉中心。天安门广场照明规划设计时已统一考虑了纪念碑、天安门城楼、人民大会堂和国家博物馆等周边建筑物之间的亮度关系。

③ 突显主题。照明设计中应突出表现广场的主题，通过不同的表现手法强化广场的主题及夜景效果。灯具布置应相对规整，以符合人们的活动需要及观赏视线、视角要求，避免影响观看效果的眩光出现。

（2）纪念广场照明

纪念广场在某些层面上与市政广场比较相似，这类广场的主题会更加明确，比如青岛的五四广场等。该类广场根据纪念内容的不同，希望形成明确的情感氛围和广场夜景效果。照明设计时应该注意以下几点。

① 主题与纪念内容一致。因为是纪念性广场，因此首先要考虑的是如何表现广场的主题，使之与广场的纪念性内容相契合。照明设计时，可通过特征载体的选择以及适宜的灯光表现，以体现纪念主题氛围。

② 运用载体。纪念性广场一般有明确的表明主题的建筑物或雕塑等构筑物，它就是景观照明的重要载体，可以根据载体的位置、体量与色彩选择适宜的光源与光色，加上适宜的投射方向进行照明表现，以便更好地表现特征载体、突出主题。

③ 避免眩光等不适因素。照明设计时要考虑通常的观瞻视线与视角，布灯时一定要避免眩光给观者带来不舒适感。

（3）交通广场照明

交通性广场应注意解决如下问题。

① 功能优先。对于人车集散的交通广场来说，主要为人们提供步行空间的照明，首先要满足功能性要求，且应选用显色性良好的光源，显色指数不能低于75；而为车辆提供通行的空间或道路的照明，则应主要考虑采用高效光源，以保证行车安全与便捷。

② 指向性明确。交通性广场的照明设计应具有明确的指向性，尤其对于不同功能空间的出入口、通道等部位，应做到无论对场所熟悉与否，都能通过观察，利用照明设计中的指向性照明，方便快捷地对不同的功能空间进行辨认。此外应注意避免广告照明使人产生纷乱、无序的感觉，以及对照明指向性的破坏。

③ 利用主体建筑。交通性广场的景观照明设计应以主体建筑为主，再配合周边建筑以及广场内的地面等部位的灯光处理来渲染广场整体的氛围，当然必要时也可以增设少量的景观灯或灯光雕塑，以起到画龙点睛、提升广场整体夜景效果

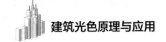

的作用。

（4）商业广场照明

商业广场一般与商业建筑相连接，供人们购物时短暂休憩和通行之用。由于该地段"寸土寸金"，因此商业广场一般面积不会很大，但人流相对较大。商业广场照明设计中应注意以下几点。

① 处理好平面与立面。照明设计应体现商业广场的特点，并与周围的商业建筑及店面的照明相协调，统一考虑整个商业区域的照明效果。不仅仅考虑广场自身平面上的处理，还要考虑周围垂直面上的处理。

② 亮度适宜。可重点突出商业广场周围店铺的店头、橱窗及立面广告，便于引导购物并塑造商业氛围。广场自身的亮度应适宜，以避免人们从商店出来时因为外面太暗，产生不适，但亮度也不能过高，过高不利于节能，对夜景效果也未必能带来正面的影响。

③ 合理选择光源。商业广场宜采用显色性较好、低色温的光源，这样易于形成热烈、繁华的商业气氛；局部也可以选择具有动感的彩色光，但是不应变化频率过高，以免给行人的视觉带来不舒适感和心理上的烦躁感。

④ 注意使用安全。灯具应做好安全防护，避免行人触电或烫伤。很多设计师喜欢使用地埋灯，而此种灯具的安装方式使其可被儿童触及，因此就有可能出现触电、烫伤的安全隐患。如果一定要用地埋灯，则建议选用LED等发热量小的光源。

（5）休闲广场照明

休闲广场是为人们提供休息、社交和举行小型文化娱乐活动的场所，照明设计时应注意以下几点。

① 塑造视觉中心。休闲广场同样需要在照明上重点突出，以形成广场的核心，增加广场空间对人群的吸引力。广场应有个视觉中心，并应结合当地的生活特点、人文特点考虑照明塑造的问题。

② 功能分区明确。照明设计应根据广场原有的空间或功能分区划分，有针对性地进行不同功能空间的照明设计，以形成各分区所需的照度要求和环境氛围。

③ 合理处置其他因素。照明应做到明暗适度，避免出现眩光，在人们进行活动锻炼的场所亮度可适当高一些，而在休息的场所亮度宜适当降低。此外，应避免广场内灯杆林立，以免影响白天的景观效果。灯杆不应妨碍行人的活动和交通。

6.4.3 商业街区照明设计

6.4.3.1 商业街区照明设计特点

商业街的夜景照明丰富多彩。其特点，一是明亮、照度高；二是灵活、照明形式多样化；三是色彩丰富；四是除路灯外，其他照明设施高低错落、动静结合，融声光电为一体；五是灯具的装饰性能强。

对于商业街，应针对其具体特点，进行灯光环境设计。以动为主的商业、娱乐性街道如步行商业街，以静为主的休憩性街道，如滨海步行路，都应有不同的灯光环境特色。因而，生活性街道的灯光环境，无论动、静，都应充分考虑行人的要素，注意结合人体尺度，灯光环境从整体到细节均应注重结合具体道路及两侧的建筑特点，增加灯光趣味点，从而形成各种不同风格的街道灯光环境。同时，生活性街道灯光环境的意义除满足人们的基本使用需求外，还在于激发街道上更多的活动形式，促进形成浓厚的街道生活环境。

6.4.3.2 商业街区照明设计原则

在设计时，首先应做好整条街的照明总体规划，突出照明重点和层次，做到热烈繁华、井然有序。一般街道两侧的灯饰分三层。高层布置大型灯饰广告，用大型霓虹灯、灯箱和泛光照明形成主夜景；中层用各具特色的标牌灯光、灯箱广告或霓虹灯形成中层夜景；底层用小型灯饰和醒目的橱窗照明形成光的"基座"。再用变光、变色、动静结合的手法，把路面上的路灯或路街灯饰融为一体，创造一个有机的照明整体，让人耳目一新（图6-61）。

其次是布灯的方向最好垂直于行人视线。人在商业街中是作为欣赏主体出现的，以往我们都把注意力放于欣赏客体上，如商业街的硬质、软质灯光景观，而在商业街灯光这种特殊的环境中，人的参与才为商业街灯光环境带来巨大活力，人是组成商业街灯光环境不可或缺的元素，不容忽视。因此，应注意照明设计是否符合人眼睛的视角，是否方便人的观看，是否照亮人活动的路线及活动的空间，使人怀着一种轻松的心情参与到街道灯光环境中，在欣赏灯光环境美的同时，激发出更多种形式的公共活动，这是商业街灯光环境艺术的魅力所在。

图6-61 商业街区照明实景

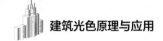

最后是对大街入口的构筑物如牌坊、彩门或街名标志小品等进行单独照明设计。

6.4.3.3　商业街区照明设计手法

（1）室内内透光照明

室内内透光照明，适用于玻璃幕墙办公楼等，柔和的光线有规律地从内往外透射，极具灯光效果，具有特征突出的特点。在现代建筑中，窗户和玻璃幕墙的使用较多，在夜间可以利用建筑物内部的亮度达到装饰的目的。这种景观照明的方式被称为内透光式照明，其主要优点是能够利用室内的照明器，而且维修简便。

（2）建筑物轮廓照明

建筑物轮廓照明，常用串灯勾勒建筑物的轮廓。新近开发的冷极管，具有光效好、亮度高、颜色纯正等特点，很好地弥补了走珠灯、美耐管等轮廓照明的不足，得到广泛应用。建筑物轮廓照明有轮廓照明和负轮廓照明两种。

轮廓照明，是为了显示建筑物的体积和整体形态，用灯连成线条，刻画出建筑物的轮廓、门和窗的框架、不同部分的交接处、屋脊和屋顶的线条。轮廓照明常用于较大型的建筑物，强调整个建筑物的形状，忽略某些局部细节。轮廓照明不能用于小的建筑物，因为发光线条靠得太近，在一定距离内会造成视觉混淆。

负轮廓照明，是指将光线投射在物体的背面，或者通过亮的背景来创造负轮廓的照明。负轮廓照明可将主体结构和其细节区分开来，比较适用于非主体的建筑构成，如柱廊、建筑物上的圆齿状突出、装饰构件等。对这些部位的负轮廓照明处理再配合主建筑的投光照明等方式，能产生美妙的光影效果。

（3）户外广告照明方式

商业步行街户外广告设置时要注意亮度的控制，主要是以下几方面。

① 根据人的主要视点，广告表面材质的光学特征和环境特征等确定适宜的亮度，使广告照明发挥最好的效果。

② 保持位于同一建筑和建筑群的广告照明的亮度协调，避免过于强烈的亮度对比。

③ 在商业街区，建筑物广告的照明应作为建筑照明的一部分统一考虑，其亮度宜与橱窗或大面积透射室内光线的玻璃门窗的亮度相协调。

④ 保持广告照明较高的照度均匀度。

商业街户外广告照明的光色控制方面，应考虑所在环境和建筑群的总体色彩要求，与环境相协调，应避免大面积的色彩对比。在光源的选择上，尽可能采用高光效、低能耗的光源，避免浪费。尽可能选择安全、可靠的光源，以减少日常维修，延长使用寿命。另外宜选择显色指数较高的光源。

商业步行街户外广告照明设施设计应注意三个问题。

① 建筑物广告的照明设施应与建筑立面统一设计，尽量采用隐蔽的设计，或者采用统一的建筑细部元素，使之成为建筑的有机组成部分。

② 独立于建筑之外的照明设施应与建筑风格相协调，并与其他街道家具的风格相统一。

③ 独立于建筑之外的照明设施宜采用与建筑物表面以及其他市政设施的颜色相一致的光色。

在进行户外广告照明设施的安装的时候，注意照明设施的布置应保证安全，避免漏电和灯具脱落。建筑物广告的照明灯具和附属设施应安装在该建筑上。新建建筑的广告照明设施应在建筑设计中统一考虑，不宜突出于建筑表面，除非能将其隐蔽于建筑立面中，或者通过设计成为建筑立面的构成元素之一。

总之，醒目的灯光使得现代都市街道灯光景观极其丰富多彩，商业街成为各种信息以灯光作为武器的前沿阵地。

6.4.4 景点照明设计

6.4.4.1 水景照明

水景是美化城市夜景的关键。对水景照明应仔细研究和认真设计，这是夜景照明的重要部分。许多实例证明，水景照明，特别是水面的灯光倒影处理得好，将会使夜色显得更美。

光在水中的特性与光在空气中的特性的不同之处有以下几点。

① 水对于光的透射系数比空气的透射系数低，根据成为目标的水的不同而有百分之几到几十的变化。在水中照明的设计中必须考虑到光的衰减。

② 水对于光的波长表现出有选择的透射特性，一般来说，对于蓝色、绿色系统的光透射系数高，对于红色系统的光透射系数低。

③ 当微生物或悬浊物存在于水中时，光发生散射，气泡存在时也发生同样的散射现象。

水中照明用光源以金属卤化物灯、白炽灯为最佳。水下的颜色中，黄色、蓝色系统容易看出，水下的视距也大。

从希腊时代起，喷水就渗透到人们的生活之中。罗马时代的雕刻和喷水在现代欧洲还可以看到许多。现代在公园、商业中心、地下街道等处，充满着动态和力量感的喷水，和色彩、音乐一起赋予我们的生活以生气。夜晚时分，要使人们能看到一个不同于白天的美妙的喷水夜景，如何利用照明知识把喷水景观做的更完美是非常关键的。

喷水景观大致有以下几种形式：

① 将喷嘴设在水中或水面喷出水来的形式；

② 像瀑布那样使水跌落的形式；

③ 具有雕刻等塑造物的形式；

④ 与音乐同步喷水的。

喷水景观照明设计需要考虑以下几个方面。

（1）照明器的位置

水景照明成功的关键是灯具的位置。首先应把光源隐藏好。一种方法是将灯具放在构件的遮蔽处，人的眼睛看不见灯光，只能看见光晕（图6-62）。另一种方法是增加注水喷口，把喷口放在光源上方，这样喷出来的水掩盖了下面的灯具，人们看到的只是清爽的、潺潺的、发光的水（图6-63）。对于居民来说，小区内喷水水景放灯的最佳位置是在楼房与水池靠近房屋的一侧，背对着房屋的面，这样看到喷水的一面不致出现眩光（图6-64）。

图6-63　灯具在喷口的下方

图6-62　照明器的位置

图6-64　喷水水景

（2）喷水的明亮度

因为喷水的明亮度是强调水花的，所以根据和喷水周围部分的明亮度的亮度对比会呈现出来鲜明或朦胧的状态。对同一喷水在近处看和在远处看，明亮度是有变化的（图6-65）。

（3）色彩照明

喷泉、水池和池塘都可以作为光的载体被照亮，公共喷泉在节日期间可以变换红、黄、蓝等颜色，更自然的颜色则适合住宅使用。由于滤色片的透射系数不同，而使光束变化成各种各样的颜色。和其他的室外照明一样，白炽灯最常用，但是琥珀色的光会把水也变黄了。增加蓝光校正滤光器可使水看起来清爽、明快。具有更多蓝色的透镜可使水景映射成蔚蓝色（图6-66）。

图6-65　喷水的明亮度

图6-66　色彩照明

（4）光源

光源多使用白炽灯泡，这是由于其适宜开关控制和调光。但当喷水高度很高而且常常预先开关时，便可以使用汞灯和金属卤化物灯等。

（5）照明器

从外观构造来分类，分为灯在水中露明的简易型水下照明器和密闭型水下照明器。无论是水底固定式、照射方向可变式，还是一般水中照明器，都要具有抗腐蚀性和耐水构造，又由于在水中设置时会受到波浪或风的机械冲击，因此必须具有抵抗机械冲击的强度。至于使用，则必须遵守电气设备技术标准。

电工布线，必须满足电气设备的有关技术规程或各种标准，同时电路本身应具有机械强度，在水中使用的照明器上会有微生物附着或浮游生物堆积等情况，所以也要能够易于清扫或检查表面。为此，最好使用电路的水中接续器。

① 简易型照明器。灯在水中露明，灯的颈部电线进口部分备有防水机构，使用的灯泡限定为反射型灯泡，而且设置地点也只限于人们不进入的场所。其特征是小型灯具，安装工程容易。

② 密闭型照明器。在这种照明器中有各种光源的类型，而每种照明器限定了所使用的灯。例如，有防护式柱形灯、反射型灯、汞灯、金属卤化物灯等光源的

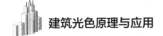

照明器。如果使用指定的光源和瓦数以外的类型，就会发生前面玻璃破坏等事故，因而绝对不许使用。当进行色彩照明时，在滤色片的安装方法上有固定在前面玻璃处和可变换的（滤色片旋转起米，由一盏灯而使光色自动地依次变化）两种形式。一般来说，可用固定滤色片的方式。

（6）调光方式

在喷水的形态、色彩、声音变化的方式上使用了各种方法，主要分为以下几种。

① 转筒方式。将装在转筒内的水段编成程序，由微动开关使喷水的形态、照明等变化的方式。

② 凸轮方式。在旋转轴上将凸轮编成程序使其变化的方式。

③ 针孔方式。在水泵电路、照明电路和时间设定电路的交点上用穿孔板调节喷水时间或开灯时间，由波段开关或电子控制来运行的方式。

④ 磁带方式。在磁带上预先记录下来一定的程序，通过放磁带而使喷水、色彩变化的方式。

⑤ 自动式。在磁带上将外部的音乐、声音等一起录音下来，并将它们按一定的频率分类，由于声调的高低而使色彩、喷水变化的方式。

⑥ 手动式。配合音乐敲打键盘，使喷水的形态和色彩等变化的方式。

6.4.4.2 植物的照明

植物的照明包括树木照明和绿地照明。树木照明，一般用投光照明，当然也有很多使用串灯来勾绘树木轮廓的例子，用什么照明方法，最好根据树种或树形来确定（图6-67）。绿地灯光环境成为人们在夜晚与自然紧密接触的空间，甚至是躲避喧嚣的空间，园林绿地灯光环境起着与其他灯光环境截然不同的互补作用，能够形成环境特色的首要因素就是能够突出软质景观的特点。

图6-67　串灯勾绘树木轮廓

（1）植物照明应遵循的原则

① 要研究植物的形状以及植物在空间中所展示的程度。照明类型必须与各种植物的形状相一致。

② 对淡色的和耸立空中的植物，可以用强光照明，最终形成一种轮廓效果。

③ 不应使用某些光源去改变树叶原来的颜色，但可以用某种颜色的光源去加强某些植物的外观。

④ 许多植物的颜色和外观是随着季节的变化而变化的，照明应适应植物的这种变化。

⑤ 可以在被照物附近的一个点或许多点观察照明的目标，同时注意消除眩光。

⑥ 从远处观察，成片树木的照明通常作为背景而设置，一般不考虑个别的目标，而只考虑其颜色和总的外形大小。从近处观察目标，并需要对目标进行直接评价的，则应该对目标做单独的照明处理。

⑦ 对未成熟的及未伸展开的植物和树木，一般不施以装饰照明。

（2）树木的投光照明

① 投光灯一般是放置在地面上，根据树木的种类和外观确定排列方式，有时为了更突出树木造型和便于人们观察欣赏，也可将灯具安装在地表层下。

② 如果想照明树木的一个较高的位置、一排树的第一根树杈及其以上部位，可以在树的旁边放置一根高度等于第一根树杈的小灯杆或金属杆来安装灯具。

③ 在主要树枝上安装一串串低功率的白炽灯泡、光纤、发光管，可以获得装饰的效果（图6-68）。

④ 树木的投光照明还可以产生美丽的树形投影。照明器把光投射在树木上，其影子在建筑物上留下了摇曳的树影，成为动态的影像（图6-69、图6-70）。

⑤ 对必须安装在树上的灯具，其在树上的安装必须能按植物的生长规律进行调节。

图6-68　树木的投光照明

图6-69　树形投影（一）

图6-70 树形投影（二）

（3）花坛的照明

对花坛的照明方法如下。

① 由上向下观察处在地平面上的花坛，采用蘑菇式灯具向下照射。将这些灯具放置在花坛的中央或侧边，高度取决于花的高度。

② 花有各种各样的颜色，就要使用显色指数高的光源。白炽灯、紧凑型荧光灯都能较好地应用于这种场合。

（4）照明方法

图6-71 从下面照射的方法

作为目标的植物由巨大的树木到花草、草皮，范围很广。无论对哪种目标，用人工方法实现白昼的照明状态是不明智的。如果应用一般照明从上面照射树木，树叶里面会很暗，不能得到希望的照明效果。树木的照明应采用从下面照射的方法，确定成为视线中心的树木，使其具有周围照度数倍的照度，就可以得到中心感（图6-71）。

一般植物需要50～100lx的照度。花坛等应以花的位置为中心进行照明，确保从低的位置看不到光源，就可以得到希望的效果。

城市公共绿地有很多不同的种类，如道路绿地、滨海绿地、河岸绿地、庭院绿地、广场绿地、城市公园、袖珍绿地等，应根据不同绿地在具体环境中所处的地位、规模的大小及其具体的形式，来对待每一处具体绿地的灯光环境设计，并考虑人们视点及视点的变化、人在其中运动的路径等，把绿地灯光环境最美的一面在夜晚向人们展示出来（图6-72）。

图6-72　绿地灯光

（5）照明光源

透明汞灯、金属卤化物灯适用于绿色的树叶、草皮等。但是要看清楚树干、花瓣等的颜色可以使用白炽灯。栽培植物用灯可使植物的颜色具有特征，显得美观，如果直接出现光源，就会产生色适应的偏差，并不很好。

（6）照明器

一般来说，使用投光器，但是要确定配光和布置时要使用光源的高亮度不致干扰观看的人们。对于花坛、草皮之类的低矮植物，多半使用图6-73所示的只向下配光的照明器。在庭园中，树木开花的时间不同，因此往往采用可以移动的照明器。

图6-73　只向下配光的照明器

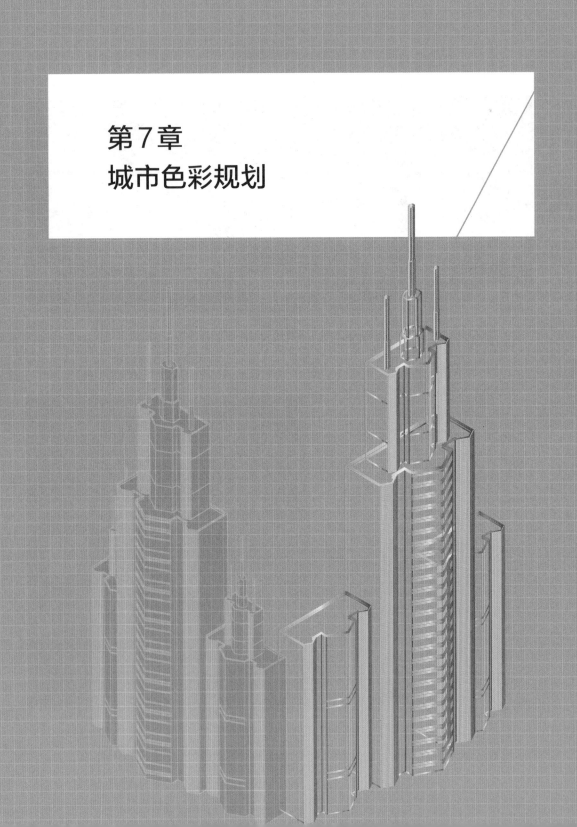

第7章
城市色彩规划

7.1　城市色彩

7.1.1　城市色彩的作用

地域性特色是影响城市形象的一项重要因素，建筑色彩作为城市中相对恒定的要素，能直接体现城市地域性特色。然而随着城市化进程的加快，建筑的大量更新对原有城市风貌产生了很大的影响，城市建筑色彩缺乏规划，城市的地域性特色逐渐流失，城市形象不再具有识别性，人们在城市中缺乏归属感。因此城市建筑色彩规划的地域性研究成为树立和维护城市形象的有效途径。良好的建筑色彩不仅能直接反映出城市的历史文脉和风貌，同时也能使人的心理需求得到满足。从 20 世纪 70 年代起，国外学术界开始进行以城市为载体的城市建筑色彩的研究工作。如今部分发达国家已把城市建筑色彩规划纳入城市总体规划中，处于领先地位的国家包括法国、日本等，它们的色彩规划都是在尊重历史与地域环境的基础上进行，积极消除城市发展带来的色彩杂乱和色彩污染现象。代表性城市色彩及特色如表 7-1 和图 7-1 所示。我国建筑色彩规划起步较晚，目前主要是对西方建筑色彩理论的借鉴与引入，近几年一些城市也取得不错的成就。下面以相关案例进一步了解城市色彩的作用。

表 7-1　代表性城市色彩及特点

城市	范围	色彩	评价
巴黎	整个城区	奶酪色	奶酪色与深灰色不仅成为巴黎的标志色彩，还因奶酪色的光感十足，改变了不少巴黎人的心情
阿姆斯特丹	整个城区	咖啡色、酒红色、棕橙色	这些颜色总体趋于暗淡、瑰丽和温暖的视感效果，所以整个城市的色彩感觉就像一个事业有成的中年男子——成熟、富足、安逸，充满无穷的力量与魅力
科隆	整个城区	主要由各种饱和度较高的颜色组成	古往今来，任何一个注重经济活动且制造业等发达的城市势必离不开鲜艳色彩的衬托，因为只有借助它们才能将商业的气氛渲染与营造得更加人气旺盛、热闹非凡
华盛顿	金融区	灰白色	灰白色调创造了首都的明朗和大气
纽约	郊区	与周边环境协调一致	纽约、洛杉矶等大城市虽然喧嚣、嘈杂，乱人心绪，但其建筑物的色彩变化还是十分养眼的。城市郊区的风情小镇，更是疏朗有致、色泽鲜明，与周边环境协调一致，非常宜人，是中产阶级的安乐窝

续表

城市	范围	色彩	评价
萨尔茨堡	整个城区	五颜六色又温馨轻柔的建筑色彩	粉绿、粉红、粉蓝、粉紫、粉橙和浅灰等，这些美丽而不张扬的颜色不仅将萨尔茨堡装点得至纯至美，而且它们也犹如萨尔茨堡夜晚从临街窗口或阳台里飘出的莫扎特小夜曲那不疾不徐的音符，将该城市的音乐氛围渲染得更加浓郁
东京	整个城区	灰白色	大自然是最好的老师。东京目前城市色彩的主体范围和它所处的自然环境的色彩范围是很一致的
波士顿	整个城区	暗红色	充满历史感的波士顿以暗红色烘托出世界名校的学术氛围
芝加哥	整个城区	暗浊色	暗浊色系的芝加哥适应了其金融的功能
伦敦	整个城区	土黄色	—

（1）法国巴黎

从主色调的选择方面来说，规划者提取了古老建筑的主色调——奶酪色，将塞纳河两岸建筑的墙体统一为奶酪色，屋顶以深灰色为主。这两个色系形成了巴黎塞纳河两岸老城区的标志性色彩，使得人们无论走到巴黎城区的哪个角落，都能意识到自己身处巴黎。从地域气候方面来说，巴黎受温带海洋性气候影响，常年气候湿润，而奶酪色是暖色，在阴雨天气可以提亮城市色彩，也反映出设计者的"独具匠心"。巴黎塞纳河两岸老城区建筑色彩规划的另一个成功之处是对色彩的管理制度，规定临街店面只能在首层展示商家自己的招牌和广告，二层及以上的建筑外表面禁止随意张贴广告。城市管理部门会定期组织对老建筑进行修缮和美化，因此建筑的色彩显得井然有序。

（2）日本东京

亚洲的城市色彩规划发轫于日本，缘起于1970～1972年间日本东京市政府邀请朗科罗对东京进行的全面色彩调研和规划。20世纪中叶，东京遭遇了快速发展带来的"色彩骚动"问题，日本色彩规划中心在朗科罗教授的指导下，通过细致的调研工作，分析、提取推荐的城市色彩图谱，完成了《东京色彩调研报告》。在此基础上，日本诞生了第一部现代城市色彩规划的专业书籍——《东京城市色彩规划》。该项规划从调查入手，经过分析、梳理，最后提出色彩的区域定位的工作方法，为其后的城市色彩规划提供了范本，越来越多的城市加入色彩规划实践中来，如京都、宫崎、神户、川崎等。东京的城市空间色彩为灰白色。灰白色调创造了首都的明朗和大气，金属灰适应了其金融中心的功能定位，白色使建筑与自然进一步融合。对于东京都来说，大自然是最好的老师。日本设计师吉田慎悟曾对东京地区自然的色彩比如树木、石头、土壤进行了测试，结果令他吃惊地发现，东京目前城市色彩的主体范围和它所处的自然环境的色彩范围是很一致的。

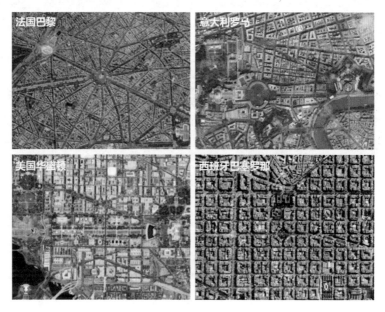

图7-1　法国巴黎、意大利罗马、美国华盛顿、西班牙巴塞罗那城市色彩

7.1.2　城市色彩的规划原则

（1）符合城市功能要求

城市色彩规划服从城市功能要求体现在不同的层面中。第一个层面是定位，城市色彩规划必须符合城市自身的定位，并分析城市环境的规模、性质、功能等基本情况。比如大连以海滨旅游城市为城市定位之一，其城市色彩规划应该体现现代海滨城市的面貌（图7-2）。而作为我国首都的北京，城市色彩规划需要充分彰显全国政治、文化中心的特点。第二个层面是区域，根据不同的城市功能分区，应该进行有针对性的城市色彩规划与设计，商业区、居住区、工业区等都应具有各自的区域特色。第三个层面是街道，包括街道、广场、建筑等节点，而街道是由单体建筑构成的最基本的城市空间组合体。城市整体建筑色彩面貌的形成有赖于这三个不同层面色彩的有机组合。

（2）构建和谐有序的城市色彩

城市色彩是一种整体美的体现。德国哲学家弗里德里希·谢林（Friedrich Wilhelm Joseph von Schelling）在《艺术哲学》一书中指出："个别的美是不存在

图7-2   大连市鸟瞰图

的，唯有整体才是美的。"和谐与有序是城市色彩规划的核心原则，和谐的基础是城市色彩空间的有序组合。营造优质的城市色彩环境，就体现为城市色彩和谐与有序的有机结合。城市色彩的和谐还包括其与大自然的和谐。从色彩的历史缘起可以看出，人类对于色彩的美感来源于大自然的熏陶。理想城市的目标是回归大自然并成为大自然的一个组成部分。因此，城市色彩规划必须遵守生态法则，从而构建和谐有序的城市色彩，将理想中的城市景致变为现实。

（3）延续城市历史文脉

城市色彩一旦由历史积淀形成，便成为城市文化的载体，并在不断诉说着城市的历史文化意味。因此，历史文化名城、古城，为了延续城市的文脉，城市应尽量保持其传统色调，以显示其历史文化的真实性。如图7-3（a）中哈尔滨城市色彩规划中延续了"红屋顶"这一历史性要素；图7-3（b）中青岛八大关的区域规划中对德式橙色屋顶这一历史性要素进行了继承。

（a）哈尔滨城区卫星云图   （b）青岛市八大关卫星云图

图7-3   延续城市历史文脉

（4）营造高品质的城市色彩环境

城市色彩规划应该充满对人性的关注和爱护，把握城市的当下和未来，这是营造高品质城市色彩环境的前提，而科学规范的操作和管理过程则是实现这个目标的重要保障。城市色彩规划是色彩创造与色彩控制的过程，需要对不同的城市空间环境所呈现的色彩形态进行整体分析、提炼以及科学的技术操作，进而系统地把握城市色彩规划。创造是为了彰显城市色彩的发展方向，控制则是为了规避错误与不良的城市色彩现象。因此，城市色彩规划目标的实现要具备十分完整的科学体系和充分的执行过程，从而营造高品质的城市色彩环境。

7.1.3　城市环境色彩污染产生的原因

当前，从时尚繁华的大都市到偏远落后的小村庄，规划不当的色彩，也可能成为污染，色彩污染都已经以一种悄无声息的方式完成了它的侵蚀。因此，色彩规划也是避免色彩污染的一种方式。城市环境色彩污染的产生来自以下几个方面（图 7-4）。

（1）建筑色彩污染

在城市视觉环境中，建筑的"形"和"色"两方面都是最大、最广泛的视觉因素，日光照射下建筑表面的色彩就成为城市色彩环境中面积最大、最瞩目的部分。建筑的色彩关系着一个城市的形象，是一个城市地域文化和城市风格最直接的反映。黑格尔曾说过："如果说音乐是流动的建筑，那么建筑则是凝固的音乐。"城市建筑的美感的确能像音乐一般陶冶人的身心。但是，如果在设计和建造时不注意色彩的运用，将会刺激人的视觉感受，破坏原有的环境格局，造成色彩污染。

（2）广告色彩污染

当我们站在高处眺望纵横交错的城市景观，或是乘车、行走在高低层叠的楼宇之间，总有一种干扰让人无法回避，那就是城市中五颜六色、浓妆艳抹的招牌与广告。

广告色彩污染的形成是商业化运作的结果，同时对于广告、招牌的形式、形象、色彩等，城市管理者没能予以足够的重视。于是，形式各异的广告依附在各种建筑物、门面、地铁、路灯、车站、公交车、天桥等介质之上，遵循着夸张、刺激眼球、越艳越好的原则，破坏了城市环境的色彩美感，污染了人们的视觉。

（3）灯光色彩污染

城市里的人们夜生活的时间越来越长是现代都市生活的特征之一，因此由灯光引申的城市夜景，对于陶冶人们的审美情趣，提高人们的生活质量就显得尤为重要。夜晚，城市在灯光的装扮下，少了几分钢筋水泥的冷漠，多了一些诱人的温馨，美丽的夜色与绚丽的灯光相融合，使人流连忘返。

目前，很多城市都意识到了夜景照明的重要性，纷纷开始亮化工程，例如向建筑物投射灯光、安装特色路灯等。然而，一些灯光色彩的设计不考虑环境功能，缺少艺术性和科学性，反而破坏了城市的夜景，影响了居民的休息。

（4）其他色彩污染

城市环境中的色彩污染还包括地面铺装和基础公共设施等，如候车亭、电话亭、指示牌、垃圾箱等。基础公共设施是城市的点缀，对城市色彩环境起着不可低估的重要作用，人们可以通过它们从细微处去体味城市色彩设计的独具匠心。但是，若不能取得相互协调的效果，则会给城市带来很大的负面影响。

灯光色彩污染

建筑色彩污染

广告色彩污染

基础设施色彩污染

图7-4　城市环境色彩污染

7.2 城市色彩的规划流程

城市色彩规划是以实现城市总体规划目标为原则，结合城市环境的特点，科学、艺术地运用材料色彩，并通过设计达成具体目标。城市色彩规划首先要形成一个完整的目标和执行体系，即具备明晰的规划目标、完整的系统设计与评价管理流程（图7-5）。城市色彩规划的流程可归纳为策划、调查、分析归纳、制定城市色彩环境推荐色谱四个基本阶段。接下来分别介绍各个阶段的工作内容。

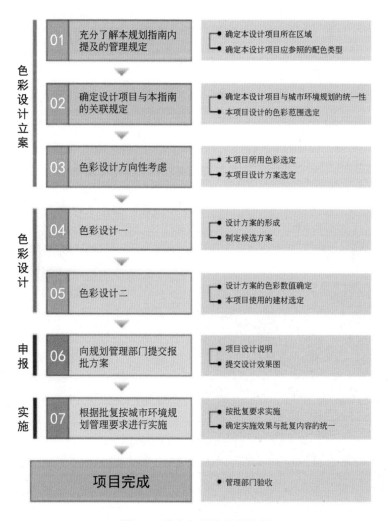

图7-5 城市色彩的规划流程

7.2.1 色彩策划

策划是城市色彩规划的开始阶段，也是准备阶段。它的内容包含两个方面：其一，建立对城市色彩宏观层面的认识，并以宏观、中观、微观的模式逐步展开，即城市色彩的总体定位、区域色彩的规划和微观层面的城市景观色彩设计；其二，为这些工作做好计划与物质准备。

（1）宏观——城市色彩总体定位

城市的性质与职能、历史与文化、空间结构以及城市规模是影响城市色彩总体定位的主要因素。

城市的性质与职能不同，城市功能区域的划分及景观重点就不同。例如，风景旅游城市与工业城市在城市发展方向、城市特点和文化性等方面就各有侧重，因此其城市色彩的总体定位就有所差异。历史城市会因其历史性和文化性而关注城市色彩规划在保护与发扬地方文化特色方面的价值体现。城市规模的大小能够在城市形态上直接反映城市的功能分区和完善程度，同时也能反映人们对城市面貌认知的方式以及对城市把握的完全程度。这些差异对人们感受城市色彩的方式以及色彩体现城市特色的程度都会产生较大影响。

（2）中观——区域色彩规划

城市色彩的分区规划是城市色彩总体策略在城市不同区域的具体实施和深化，具体表现为：分析城市不同区域的特点和属性，提出各区域色彩规划的整体构想；研究区域内自然和人文环境的特色并制定保护人文环境和突出地方色彩的详细规划；确定区域内色彩景观设计和控制的重要节点并提出方案。

图7-6 威尼斯水城的城市色彩

城市色彩的分区设计和控制设计已经为城市色彩规划指出了明确的色彩应用范围和设计方向。因此，对于城市色彩规划提案中的概念策划和方案制订，都必须充分考虑上述条件，以确保城市色彩规划提案与城市宏观色彩的一致性（图7-6）。

（3）微观——小空间组群或单体色彩规划

在完成宏观层面的城市色彩总体定位设计与中观层面的城市色彩规划分区设计之后，应从微观视角出发，对城市空间中较小尺度的城市景观色彩进行研究。其研究的主要对象是城市街道、广场公共空间、城市景观节点等相对微观的城市色彩空间，并可细化为以建筑为主的固定载体色彩，以自然载体、其他人工载体为主的半固定载体色彩和以人、交通工具为主的非固定载体色彩。

　　城市色彩规划在微观层面上的研究需结合具体的空间结构，例如微观层面中数量最多、对城市面貌影响最大的城市街道，以及地段内重要的或具有一定规模的建筑。依据色彩美学原理与色彩文化体研究街道与建筑的色彩组合是否合理、建筑之间的色彩是否协调、色彩是否符合环境的功能要求、色彩是否与材料相匹配等（图7-7）。

图7-7　东京街道的色彩规划

7.2.2　色彩调查

　　调查是城市色彩规划的基础。调查的过程是对目标地域全方位的资料收集，其成果为当地城市色彩家族资料的创建提供了素材。调查作为设计的前期工作，首先，对本次设计目的与目标有所了解，在此基础上进行有针对性的调查取样；其次，在调查地点的选择上遵循特征明显、代表性强的原则；最后，尽可能全面地收集数据资料，包括色彩采集调查和公众意愿调查，从而为后续工作做准备。

7.2.2.1　城市色彩调查的方法

　　城市色彩调查的方法常常因地而异、形式多样，但都可以从不同的角度有效地记录城市色彩并采集信息。地方色彩和传统色彩的调查可以通过两种途径：一是实地测量、取证，记录有关的色彩数据并加以分析并制作成色度图（图7-8）；二是用摄影的方式记录不同地区的色彩，在照片的基础上进行分析和总结。前一种方法比较精确，但现场工作量大，需要事先有周密、科学的计划；后一种方法容易操作，但对摄影色彩的还原度和真实度要求较高。两种方法取长补短，结合起来效果更佳。

JZ-GF001	构件	图示	孟塞尔色值	孟塞尔色标
主色调	屋顶		10GY3/4	
	墙体		N4.5/	
辅色调	门柱		10R3/6	
点缀色	窗棂		5G3/4	
	檐下彩画		7.5PB3/10	

图7-8 孟赛尔色彩数位的换算

目前国际上大多采用法国巴黎"三度空间色彩设计事务所"的朗科罗和日本CPC机构共同确立的调查方法，并结合各国的实际情况加以展开。城市色彩调查的基本步骤如下。

① 调查对象的确定与调查计划的确立。调查对象中，直接对象包括自然物品，如当地的土壤、石材以及用它们制造的建材，环境中呈现主要色彩的植物；间接对象包括介绍当地历史、风俗的图文资料。

② 对调查对象进行色彩的采集并记录调查状况。方法有速写、色卡记录、摄影和使用测色仪（图7-9）等。

③ 调查结果的分析。根据现场记录的色标和现场照片的对照制作调查色彩表格。再将所测色标换算成孟赛尔色彩数位并制成色度图。

④ 建立数据库，归纳色彩样品。对收集的色彩信息进行整理，对过于复杂的色彩组成进行精

图7-9 测色仪

减，将有代表性的色彩纳入数据库。对测得的数据进行归纳，总结到相应的孟塞尔色彩体系坐标值上。

7.2.2.2　城市色彩调查的过程

（1）前期准备阶段

城市色彩调查前期准备工作的内容大致有：在对城市色彩正式调查之前，需要进行几次预备调查，目的是了解和掌握城市色彩的基本情况。预备调查可以为正式调查的选址、设备使用等提供必要的需求信息。预备调查的内容是：用照相机对调查地区进行拍摄，作为准备调查所需的技术、物质准备的依据。理论上，人眼能够辨别大约1600万种色彩，如果在光线条件好的户外测色，可以确定人眼的能力是优秀的。但是在精度要求高或者户外条件较差的情况下，还可以使用便携式测色器进行接触测色。除此以外，还有外形较大、功能强的色彩测量器，可以对被测物体进行非接触式的测量，使测量在近至几米、远至几十米乃至一两百米的范围内都能正常进行。

在这个阶段，可以忽略材料质感和色彩使用的面积等问题，只是纯粹地抽取色彩。对必须调查的对象色彩和周边色彩都要进行相应的准备。把握好被测色对象的色彩分布情况，对色彩调查对象进行整理和分类。

图7-10　色彩实地对比确认

（2）现场色彩资料收集、取证阶段

城市现场环境色彩资料收集和取证是色彩的正式调查阶段。城市现场色彩调查需要事先对现场对象进行各方面的材料收集，对测色地点、视角、范围都要有预先的计划。用预备的颜色条靠近被测色对象，用视觉辨别、核对，收集与实际物体最接近的色彩并将得到的色彩记录下来（图7-10）。同时，为了更精确地记录现场的实际色彩情况和建筑的细部色彩分布，还可以现场进行速写和文字记录，和照片放在一起作为色彩资料参考。如果在对象不能接近的情况下，则采用测色仪器进行测色（图7-11）。当遇到现场建筑的材质

图7-11　测色仪器进行现场测色

比较特殊的时候，需要将现场的材料尽可能多地收集起来，这个阶段一般需要数次才能完成。

（3）城市色彩调查的内容

① 城市规划资料调查。在城市总体规划中，城市的范围、性质、发展方向以及用地布局等得到了有效控制。城市色彩规划的制定一定要与城市总体规划相协调。根据城市范围和城市的发展方向确定城市色彩的影响范围和控制范围。城市的性质确定城市的具体功能，进而对城市的主色调有着重要的影响；城市的用地布局确定了城市的居住用地、公共设施用地、工业用地、道路广场用地、公共绿地等用地的范围。城市色彩与城市功能是密不可分的，因此必须在详尽了解城市总体规划的前提下，才能更好地完成城市色彩规划。

城市总体规划中的城市用地布局规划、道路系统规划、绿地系统规划以及城市旅游专项规划、文物古迹保护规划是调研的重点。这些资料不但可以为我们的城市色彩控制分区提供必要的资料，同时也是城市色彩现状调研的落脚点，我们可根据图纸确定调研的重点地段、重点街道以及重点建筑。城市空间是立体的，建筑的高度是起伏变化的，建筑的屋顶在整个城市空间中时隐时现，因此我们应了解重点地区的建筑的高度，那么城市重点地段的控制性详细规划资料也应在调查之列。之前控规中也涉及建筑色彩的内容，但往往不受城市宏观色彩的控制，因此不易把握。

② 城市自然环境调查。城市自然环境调查主要包括三个方面。

a.地形地貌的色彩调查。海洋、湖泊、山脉的颜色往往成为城市的背景色，城市的背景色对城市主色调的确定是非常重要的。一般情况下，如果城市背景色丰富，其主色调就应该在规划设计中表现得含蓄一些。反之，则可以艳丽一些。

b.植物的色彩调查。如该城市有哪些代表性树种、花卉，这些植物在四季又是如何变化的。如果植物的面积较大，则可能成为城市的背景色，如果植物的面积较小，则可能成为城市主色调的辅助色或点缀色。

c.气象资料调查。气象资料主要是指气温、降水、湿度、云量、日照和空气透明度。主要应掌握以下几个指标：年平均气温、年雨日、年平均相对湿度、年雾日、年平均低云量、年平均日照时数等。这些资料对城市色彩影响较大，甚至会影响城市的主色调。

③ 城市人文色彩的调查。对城市色彩产生最直接影响的人文因素主要是两个方面：一是当地的历史性传统建筑的建筑材料（色彩、肌理、质感等）；二是民族、宗教以及风俗习惯所确立的为当地人群所普遍偏爱的色彩或色系。这两部分共同组成了一个地区或城市的"地方传统色谱"。实现这一部分的调查方式基本上是实地勘察拍照和文献查阅两种。

④ 城市人工色彩的调查。城市人工色彩的调查对象主要包括建筑、公共设施、交通工具、道路等（图7-12）。进行城市人工色彩调查时一定要提前确定调查对象，有的放矢。调研前要根据城市总体规划、重点地段的控制性详细规划确定城市的重点地段、重要街道、重要景观节点，确定重点区域内的重点对象。这样我们不但能从宏观角度把握整个城市的色彩现状，而且可以节约调研时间。

地面桥梁色彩

建筑色彩

人造景观的色彩

广告、招牌色彩

图7-12　色彩调研

关于现场测色和收集色彩资料，一般用视觉对建筑主墙壁的基调色进行测色，而对玻璃面和建筑外壁的广告物则分开测色，并根据建筑色长的测量结果作出色差图。

建筑的色彩拥有比较明确的色彩倾向。在几次建筑色彩调查和材质收集后，将视觉测色所对照得出的颜色表换算成孟塞尔值，在色度图中将三种属性数值化，再逐步分析色度图上的建筑色彩分布状况。区分等级可分为：无彩色系的建筑和有彩色系的建筑。无彩色系是由白到黑的明度变化构成的色群。有彩色系的建筑色彩分布状况可依据彩度等级进一步细分。最后，可从大量的由建筑色长测出的色彩值和色度图的分析中得出该调查地区的建筑色彩总体倾向，以及主色调、辅助色和点缀色。

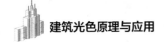

7.2.3 色彩分析归纳

城市色彩现状分析就是用科学的方法将在城市色彩现状调查阶段取得的材料进行整理、归纳、总结、分析的阶段。这一阶段所取得的成果将作为制定城市色彩规划的重要依据。可将收集来的色彩信息按照视觉元素的种类进行分类，建立色彩数据库。记录分析对象所具有各种色彩表面材料和色彩的测量结果，当一个对象具有多种色彩时，要说明各色彩的大致面积关系。有时被测表面的色彩组成过于复杂，则需对数据进行精减，将有代表性的色彩纳入数据库。

将数码图片以及采样结果用色彩数据测定仪转换得到孟塞尔颜色参数（孟赛尔表色体系为目前世界上使用最为普遍的表色系统之一，任何一种颜色均由色彩的色相、明度、彩度三个参数组成），根据色相、明度、彩度等不同的属性得到具体数值。在此基础上制定城市色彩规划现状总谱，进而对城市色彩进行全方位分析。

通过以上分析得到拟解决的相关问题。如城市现状色彩是否体现城市特色，城市色彩是否与城市自然环境相协调，城市人文色彩是否得到传承与创新，城市主色调是否已经形成，城市色彩是否与城市功能相适应，城市色彩分区是否明显，市民对现在的城市色彩是否满意等。然后再根据分析结果，对城市进行有针对性的色彩规划设计。

分析展开也可以说是论证与解释主题。分析展开的内容包括研究以城市色彩规划的方向为基准的色彩作用和存在条件，以及人、环境及其交互作用。与调查相同，它根据计划对象来落实重点，分析从各种观点中得到的积极因素，扩展新思考的演绎与认识。分析与展开对于未来的预测尤其需要充分的想象力，演绎与认识则更需要独特的构思。

在城市发展中，一些标志物、街道发生了改变，相关色彩元素随之消失，色彩信息却保留在公众的记忆中。以这些城市局部的色彩信息为切入点进行色彩分析，有利于绘制符合城市文脉与公众意愿的城市整体色彩形象。

7.2.4 制定城市色彩环境推荐色谱

城市色彩环境色谱的制定应符合城市设计、城市规划的总体战略方向。通过上述的调查分析，得出现有的建筑色彩图谱如图7-13所示，通过对现有条件的分析从而明确城市色彩环境规划的制约条件，在城市色彩环境规划的总体策略下进行。城市环境色彩色谱的提出不仅应符合色彩工学的原理和人们的色彩心理，还应当以城市现状色彩的分析结果为基础，考虑城市的历史文化因素，导入色彩的美学概念，在考虑多方要素的基础上提出城市色彩环境的色谱。

（a）色谱收集

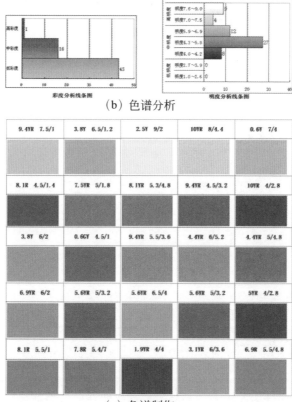

（b）色谱分析

（c）色谱制作

图7-13　建筑色彩图谱分析制作

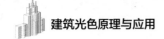
在对于城市色彩环境色谱的提取中主要对以下三种色谱进行处理。

（1）提出主色调和辅助色的推荐色谱

在城市的色彩环境中，这一部分占有绝对的比例，至少在70%以上，是整个城市色彩画面的基础，决定了城市色彩环境带给人们的基本感受。如法国巴黎老城区的奶酪色墙面和灰色屋顶。

（2）提出点缀色的推荐色谱

点缀色是小面积的色彩，是使城市色彩环境生动丰富的重要元素。对于建筑、道路和桥梁可以根据主色调和辅助色色谱，以美学为原理提出点缀色色谱。

（3）提出禁用色彩的色谱

城市中色彩的浓艳程度愈演愈烈，已经形成视觉污染的户外广告、店面招牌、公共设施应当给予一定的限制。虽然这些是最能活跃城市色彩环境氛围的因素，但是为了减少色彩污染，应提出禁用色彩的色谱。

总之，城市色彩环境的规划要纵观全局，做到整体的把握，让城市的色彩环境和谐，防止不和谐的色彩出现和一些色彩设计的各行其是、互相不协调的局面。在城市总体色彩环境规划设计的指导下获得一个深具特色又和谐统一的城市色彩环境。

7.3　建筑色彩

色彩是与人接触最为密切的视觉元素，有了色彩，我们的生活更加丰富多彩，充斥着艺术美感。当人收到色彩信息时，最先有的是视觉反应，而后会有心理反应与情感反应，将这个特性运用到建筑设计中去，会使建筑的设计更为丰满，也能充分体现设计师的创新能力。因此，对于建筑设计来说，色彩的运用是非常重要的环节。

在建筑中，色彩的存在并不是独立的，而是依附在某个具体的物体上的，其具体的形态也是通过所依附的物体来表现的。作为一个建筑环境中的背景色及相邻色，色彩的存在形式比较复杂，它展示的视觉效果和建筑中的诸多元素有直接关系，于它自身，不同色彩间也有一定关系。在某个具体的建筑环境中，色彩的独特魅力更为明显，其给建筑带来的艺术美能够更加真切地被人感受到。在运用色彩进行设计时，需要注意其对比性，即在建筑内部或外部的色彩产生变化时，色彩的属性会出现对比现象。当色彩的色相与彩度相同时，会出现明度对比现象；当色彩的色相与明度相同时，会出现彩度对比现象；当色彩之间有差别时，其相互之间也有一定的影响。因此，当将色彩运用在具体的建筑设计中时，必须对色彩搭配予以重视，还要将其和建筑的有关因素结合起来，才能实现其合理运用。设计师在建筑设计中运用色彩时，要综合考虑各种因素，通过充分释放色彩的魅力，使建筑的形态更加丰富，从而能够更深层次地体现建筑的文化内涵。

在近代之前，很少有人对建筑色彩拥有足够的认识。在欧洲旧街道多为石、砖、瓴瓦结构，建筑材料的色彩就是街道的基调色（图7-14）。日本的旧街道同样如此，它们多由炉渣、灰浆和砖瓦构成，建筑材料的颜色直接构成了街道的色彩（图7-15）。

图7-14 意大利的旧街区与巴塞罗那的旧街区

图7-15 日本的旧街区

这些建筑材料都由人们身边的素材制成，人们已经习惯于这样的色彩。在这种状况下，很少会有人拥有色彩的理念。因为在色彩方面，很少有可供选择的余地。而一旦选择了某种材料，其色彩已经基本固定。

但是，从18世纪末期开始，随着第二次工业革命时代的到来，人们纷纷开始采用钢铁、玻璃，以及工业手段制成的瓷砖等建筑材料。进入20世纪后，化学工业也取得了长足的发展，染料与颜料色彩明显丰富起来。不仅出现了高彩度，还能够详细再现各个阶段的明度或彩度。建筑色彩的多样化，很大程度上归功于化学工业的发展，涂料、塑料、纤维等实现了色彩的多样化。

图7-16是欧洲的新式建筑——尼迈耶中心。可以看到在建筑色彩方面已经拥有很高的自由度。甚至可以用色彩艳丽这个词来形容。如此一来，人们必须有意识地去认识这些色彩。

在图7-17中，是近年来常见的混乱的建筑色彩，这样的建筑正在急剧增多。在色彩自由度提高的现代，经常会出现产生无秩序建筑色彩的危险性。在这种状况下，需要建筑师对于色彩有较为深刻的了解。

图7-16　尼迈耶中心有序的色彩设计　　　　　　　图7-17　混乱的建筑色彩

7.3.1　建筑色彩设计的目的

建筑的色彩与服装、产品的色彩略有差异。服装、产品的色彩所指范围较小，且具有可移动性。与某一物品的色彩相比，建筑的色彩所占面积更大，它是一个巨大的空间。并且能够成为背景，使我们置身其内。这就是所谓的"建筑色彩的较强的环境性"。

进行色彩设计的目的，并不是使建筑物五颜六色，而是要通过色彩的使用，创造舒适的环境。建筑物内部是我们长时间居住的场所。不管是住宅的卧室还是办公室，人们在建筑物内的滞留时间都很长。因此，创造建筑物内部的祥和色彩就显得非常重要。不同的空间，必须具有与其相符的哲学属性。比如说，在办公空间内讲究效率，在作业空间内讲究安全，在住宅空间内则讲究舒适等（图7-18）。

图7-18 荷兰 Princess Máxima 中心的室内设计

在建筑物的外观方面，必须与周围环境协调一致，至少要保证不会破坏该地区的正常秩序。首先，建筑物的外部色彩必须被该地区的居民接受。建筑物的外部色彩通常具有公众属性。应该尽量避免任意选择色彩或单凭个人喜好使用极端的色彩来改变环境的做法。追求建筑物色彩的地道、祥和非常重要。

其次建筑色彩不如绘画、平面、雕塑等艺术类型灵活自由。建筑色彩除了担负着人们的审美观赏作用之外，还需要满足人们不同的功能需求。建筑色彩要根据建筑功能的不同要求进行设计，从而营造出不同的建筑气氛。

当代建筑的功能种类繁多，有公共建筑、居住建筑和工业建筑等，尤其是公共建筑包含了商业建筑、办公建筑、科教文卫建筑、旅游建筑等，适用人群范围较广。在设计中需要通过色彩的不同特性来区分不同的建筑类型，从而让使用者更加便捷地通过建筑色彩快速识别出该建筑的使用功能。如幼儿园的建筑色彩应该选取儿童喜爱的亮丽色彩，从而加强孩子们的活泼感。银行建筑则需要使用低明度较为稳重、朴素的色调，给人以安全、稳定、保险的心理暗示。商业建筑的色彩服务于商业活动，根据其市场的多样化需求，应在同一基础色调上使用丰富的、强烈的、具有刺激性的色彩搭配和点缀，以突出商品的丰富多彩和商业气氛的活跃，激发人们的热情并由此产生乐于参与其中的欲望。

当然，在外观色彩方面也有例外。它与绘画、艺术品一样也具有艺术性，有时候建筑本身能够成为该地区的路标或象征。在这种情况下，在进行充分的色彩设计的同时，也有必要与该地区的特征相协调。

7.3.2 建筑色彩设计步骤

进行建筑及景观色彩设计，要按照设计条件把握→事前调查→理念提出→色彩设计→色彩评价与报告提出→色彩决定→色彩管理这一顺序依次进行。如图7-19所示，显示了建筑外观、景观及建筑内部的标准色彩设计步骤及内容，便于设计人员进行准确的调查和反馈。

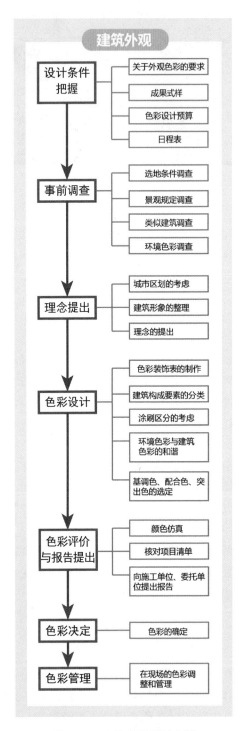

建筑外观

- 设计条件把握
  - 关于外观色彩的要求
  - 成果式样
  - 色彩设计预算
  - 日程表
- 事前调查
  - 选地条件调查
  - 景观规定调查
  - 类似建筑调查
  - 环境色调调查
- 理念提出
  - 城市区划的考虑
  - 建筑形象的整理
  - 理念的提出
- 色彩设计
  - 色彩装饰表的制作
  - 建筑构成要素的分类
  - 涂刷区分的考虑
  - 环境色彩与建筑色彩的和谐
  - 基调色、配合色、突出色的选定
- 色彩评价与报告提出
  - 颜色仿真
  - 核对项目清单
  - 向施工单位、委托单位提出报告
- 色彩决定
  - 色彩的确定
- 色彩管理
  - 在现场的色彩调整和管理

图 7-19　建筑色彩设计步骤

就观察者而言，需要一定的能动性和职业敏感性以及看的结果带给的灵感启示。但这却不足以构成建筑色彩设计的方法。可以通过两种途径来加以实现，一是实地测量、取证，记录下有关的色彩数据并加以分析和总结；另一种方法是通过摄影来记录不同地区的色彩情况，通过照片来进行总结和分析。前一种方法比较精确，但现场工作量大，要事先周密科学地计划；后一种方法容易操作一些，但对摄影色彩的还原度和真实性有着较高的要求，这两种方法互有长短，可以结合起来，以达到最佳的研究效果。

从目前国外的情况看，建筑色彩设计方法均采用法国巴黎"三度空间色彩设计事务所"的色彩大师J.P.朗科罗和日本色彩机构共同确立的调查方法，并结合各国的具体情况展开，具体的步骤如下。

（1）调查

突出国家、城市、街区等地域特点，以城市的街道色彩气氛和建筑形象为主要调查对象，对城市方位、重点街区、历史、建筑、材料、色谱、配色方式等加以调查。

（2）测量

选取典型性、重点建筑和景观进行颜色测量，通过色谱对比测量和图像采集的方式，定量和定性地记录颜色。

（3）取证

在现场获取原始资料、取证的范围包括当地的土壤、建筑材料、环境中呈现主要色彩的植物等。同时，以速写、摄影的方式获取间接资料，并收集介绍当地风俗的宣传物。

（4）转换

把具有景观色彩特征的色彩以色谱的方式转换、提取和归纳。

（5）管理

把调查中所得的色样转化为色谱的形式，然后根据色谱所代表的形象进行分类编辑，便于管理。

接下来对建筑色彩设计相关步骤进行解析。

（1）概念的策划以及前期调研

建筑设计者收到施工单位或委托单位的设计请求后，首先针对建筑的设计条件进行讨论。色彩概念是建筑设计必须要考虑的内容，因此应该充分了解设计意图和其背景资料，了解设计图纸和装饰材料，对环境状况和性质进行充分的调查，在此基础上，开始进行色彩概念构思筹划工作。

现场调研主要是以测量和拍照的方式进行。为了使测量对象的受光条件尽可能接近C光源（6774K，相当于全阴天空的照明），在晴天或多云天气下，选择被测量的建筑，除了认真做好数据记录以外，还要用相机选择合适的角度（反映该建筑的全貌）进行拍照。另外，一些没有充分时间测量，但符合调研条件的建筑，也可以以拍照的方式记录下来，供以后分析参考。

对现场与建筑用地周围进行调查，包括用地形状、相邻地区的状况、相邻建筑的种类及规模、绿化等。并且对用地周围进行调查，考察周围被利用的地域或地区，有无城市规划道路、历史及文化特性等。对于被选中的建筑应具备以下一些基本条件：建设年代比较近，或者是整改过的建筑立面；构图大方美观、用色丰富，色数不少于两种；饰面材料维护良好，无明显变形、脱落现象；表面颜色均匀，受污染程度较轻，无明显褪色现象。

对景观和周边类似建筑等方面进行调查，调查是否有景观规定、景观形成计划等引起的景观诱导，调查参考用途相似的建筑物的色彩，如有必要，可以进行测色调查。使用孟赛尔值作为测色值的话，对色彩类型的认识及其相关性就会提高。并且，在配色时采用孟赛尔色系表达方法时就容易统一，也会比较方便。在进行测色调查时，应该同时进行摄影拍照，以便在分析时使用。

（2）色彩的选择与确定

通过概念的筹划制定，明确基本计划之后，就可以进行色彩设计。考虑色彩设计条件、事前调查结果，对色彩设计理念进行整理。在大规模开发时，也有可能要进行区域划分，根据不同区域来决定不同的理念。比如考虑是否与周围环境相和谐，是否存在路标等地区象征，周围地区是自然环境较多还是人工环境较多，还要考虑地形特性、季节更替、风土人情、历史背景等因素。

通常，建筑装饰材料的颜色很有限，不像油漆那样可以合成任意颜色，对于受限制的颜色来说，需要从制造厂收集建筑装饰材料的实物色彩样本（图7-20），形成材料的样本库。在材料中，不仅包括油漆等色彩自由度较高的材料，也包括木材、石材等色彩自由度较低的自然材料。因此，要通过色彩样本对材料色彩自由度进行确认。通过材料样本、说明书等，确认光泽、材质、类型等表面特性以及耐候性等。

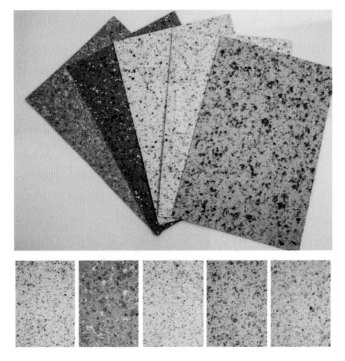

图7-20　制造厂提供的材料的实物色彩样本

建筑色彩的确定需要同时考虑多重因素，对复杂的问题进行简化。通过对基调色、配合色、突出色的选定来确定最终配色，从建筑标准色彩开始进行选择，肯定比较简单。所以从色彩自由度较低的素材开始做出决定，也是方法之一。对于不同色的选择方法可以参考如下。

① 基调色是指背景（底）色，能够决定整体气氛。在建筑外观方面，墙壁全部使用基调色。在建筑空间内，基调色使用高明度的无彩色或低彩度色。根据建筑外观色彩的形象来选择建筑外观的基调色。如医院常用白色为基调色，大学建筑常用暗红色、灰色为基调色。

② 配合色是形成轮廓的色彩，面积仅次于基调色，能够表现建筑物具有的特征形象。常用于外墙的一部分，独户住宅的屋顶、窗户玻璃、屋檐等。对于配合色，要考虑与基调色的统一感。使用同一色相或者类似色相进行配色。利用色调改变色彩的对比度，并因材料或形状不同而有所变化。

③ 突出色是通过强调小面积色块，突显整体色彩张力。在建筑外观方面，用于门窗、墙壁的一部分等。突出色是同一色相配色或类似色相配色时，可以利用色调变化来改变色彩对比度。另外，也可以使用对比色相配色的高彩度色。突出色的色块较小，在美化、修饰、引人注目方面，更具效果。

（3）色彩设计辅助工具——建筑色卡

建筑色卡是将颜色按一定的规则顺序排列，附加标注符号而编制出来的颜色标准样品卡。现已编成的建筑色卡的样片数量共247片，样片的色相范围覆盖整个色相环，明度多在中等明度以上，彩度集中于低、中彩度，另外一些为高彩度。《中国建筑色卡》由中国建筑科学研究院建筑物理所编制和出售（图7-21）。

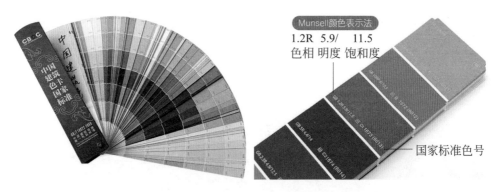

图7-21　中国建筑色卡

建筑色卡的样片排列方法是将样片排在平面上。平面的横向位置分别用数字01、03、05直至69为止来标记。平面的纵向位置分为14排，以13排放置有彩色样片，以1排放置无彩色样片。这样，每页上样片的色相均从上到下依次改变，明度值从左到右、由大变小，彩度值大致相同。

在进行建筑色彩设计时，要从建筑色卡中选用什么颜色编号，怎样配合使用它们，从而获得什么样的感情效果和创作风格，都属于建筑色卡的使用问题。

使用建筑色卡选择颜色时，要注意下列问题。

① 要考虑实用价值。首先应满足它的功能要求，为人们的生存、生活、生产服务，其次才是发挥观赏作用，避免华而不实。除少数需要强烈的对比效果以外，大多数要求得到稳定、沉静的效果，能够获得舒适、安慰的感受，而不希望漂浮、纷乱。要最大限度地满足建筑形式和材料的要求，以取得相辅相成的效果。

② 要有很大的灵活性。不应受配色技法与色卡使用的限制，而要根据具体情况具体处理。有时还要受到设计人员的个人创作风格以及委托人的意图、喜好的影响和制约，对于这些应适当予以考虑。

7.3.3 建筑色彩效果

虽然色彩本身亦可欣赏，但对物体和文字进行视觉表示时，使用色彩可以给予某些效果。根据使用方法的不同，色彩的观察方法亦不同。为强调物体和文字的存在，可以利用色彩的诱目性。决定物体的色彩时，要根据色彩对于物体的视觉印象的影响以及与何种物体关系较深，考虑到色彩使人联想到物体的效果。

（1）建筑色彩在建筑设计中的作用

① 美化和装饰作用。色彩能对建筑物进行装饰和美化，色彩运用得当可以使建筑在周边环境中显得有生机、有活力、有特色，能够吸引人们的视线，引起人们的注意。如果建筑有缺陷或不足，可以运用色彩对建筑进行改造粉饰，扬长避短，调节不尽完美的建筑形体，发挥色彩的造型功能，实现人们的审美理想。如图7-22所示，在相同尺度的建筑空间中使用冷色与暖色塑造出完全不同的空间性格，蓝色的较为静谧，红色的则较为活泼。从而通过颜色形成较为丰富的空间视觉效果。

图7-22　冷色与暖色卫生间的温度感的不同

② 区分和强调作用。不同色彩传达不同视觉信息，利用差异色彩赋予建筑独特的风格和个性化特点，可以区分和标识建筑。建筑色彩鲜艳特别，可以夺人眼球，给人留下深刻印象。如建筑外墙大部分面积使用红色，在城市建筑群中格外耀眼醒目，人们就以"红房子"来区别它与其他建筑，可以把它作为一个地标，便于人们寻找识别。色彩具有强调作用，它对特别的部位施加不同的色彩，使该部分由背景转化为图形，使这部分建筑与其他部分在色相、明度和彩度上产生对比反差，达到突出强调的作用。

在实际运用中，色彩的距离感觉可用来调整建筑物的尺度或距离。虽然距离相同，但高明度暖色系的色彩会使人们有凸出、扩大、前进的感觉，低明度冷色系的色彩会有后退、缩小、远离的感觉。如图7-23中，红色的幕布虽然在空间中位置是位于白色幕布之后的，但是视觉体验上红色位置是在白色之前的。这种距离感觉是相对的，且与其背景色彩有关系，例如绿色在较暗处也有凸出的感觉。最为前进的色彩是红色，之后依次为橙色、黄色、紫红色，而蓝色、泛绿的蓝色、绿紫色为后退色。在设计中可以利用颜色的距离感对空间中重要的因素进行强调。

图7-23 红色幕布空间感靠前感

③ 文化和氛围的烘托。不同地区、民族都有独特的建筑风格，代表地域文化和历史传统，体现当地人们的传统审美方式，如我国南方建筑就是白墙青瓦，北方建筑就是红瓦。白墙青瓦，在雨天呈现出朦胧婀娜之美，晴天又呈现出柔和恬静之雅。红色给人一种热烈喜庆的气氛，白色给人一种纯净清洁的氛围，不同民族有不同的色彩偏好，建筑色彩都体现了人们对历史、文化的欣赏和尊重。

如图7-24（a）的荷兰的Princess Máxima中心幼儿活动室空间，在室内大量地使用高饱和度的色彩，从而塑造出一个具有强烈的色彩对比，具有张力的空间。而图7-24（b）中，北京的廿七禾尚餐厅室内设计中，将灰色调贯穿到建筑设计的每个细节中，白色的灯光、低饱和度色彩的座椅与北京胡同的空间文化效果相融合。

（a）荷兰Princess Máxima中心幼儿活动室　　（b）北京廿七禾尚餐厅

图7-24　色彩塑造轻盈感与重量感的空间

（2）建筑色彩对建筑形象的调节与再创造

① 对建筑固有形状的调节与再创造。受建筑材料和施工技术等因素的影响，建筑造型不能完全满足人们的意愿，建筑形状一般是简洁规范的几何形，以矩形盒子为多，易引起人们的视觉疲劳，甚至使人们产生厌烦情绪。建筑设计师为改变这种造型，就会运用色彩手段，发挥色彩的造型功能。如著名建筑师勒·柯布西耶在设计马赛公寓时，大胆地将凹廊的侧壁涂以高彩度的色块，改变了建筑造型的单调和建筑表面的粗糙质地，使建筑呈现出造型优美而富有生机的状态，与居住建筑性格协调一致。

② 对建筑固有色彩的调节与再创造。建筑材料的固有色彩具有自然天成之感，建筑色彩设计应该以建筑材料自身固有色为基础，这样做既经济简便又可以对建筑固有色彩的弊病进行调节。色彩调节就是恰当地处理色彩关系，注意色彩搭配的协调性。如建筑材料红砖的红色具有美好、喜庆、热烈的特性，可以给人兴奋、欢快之感，但如果大面积单一地使用红砖，建筑色彩浓艳，会产生火辣燥热的感觉，如果红色与黑色、深灰色相配，就可以充分显示红色特有的魅力。如图7-25，四川HOTPOT GYM 火锅健身房的室内设计中使用大面积的红色对建筑空间氛围进行渲染，用红色象征运动的同时，表达四川的地域性特征。

图7-25　色彩的象征意义

没有不好看的颜色，只有搭配不协调的颜色。建筑设计中的色彩搭配要遵循色彩搭配规律，关键要注意色彩搭配的协调性。建筑色彩的运用必须与建筑的功能和风格相协调、与环境相协调，如泰姬陵，建筑主色调是白色，给人高贵、典雅、宁静之感，用其他颜色就无法达到这样的效果。色彩搭配和选择一定要考虑到环境气候因素，不同天气状况对建筑色彩都有一定影响，不同城市有不同的环境和气候，会影响到建筑色彩效果。

7.3.4 影响建筑色彩的因素

建筑色彩往往体现出特定的文脉。影响色彩文化的因素包括自然环境和人文环境两方面。自然环境是指地球表层各自然要素如水体、大气、天空、植被、山脉等；人文环境是指社会的经济、科技、哲学、宗教、政治、文化等。色彩体现文化主要表现在四个方面：地域性、文化性、宗教性和民族性。

（1）区位条件因素

人们最开始对色彩的接受和创造是来自于他们所生活的环境。各地区色彩传统的形成往往包含着他们对周围环境色彩的模仿或对某种特殊色彩的渴求。各地区的色彩传统在相对封闭的环境中保持较稳定的态势，形成独特的色彩文化并代代传承。例如，汉族最早生活在黄河流域，自然环境的主色调是黄色，因此，千百年来汉族对黄色情有独钟。区位条件是城市特色与城市发展的重要因素，这一因素所产生的影响是不以人的意志为转移的。从区位条件的角度，城市被分为海滨城市、山地城市、平原城市等，并因此体现出不同的形象特征。例如日照时间较少、雨季多的地区，人们一般喜欢使用暖色和灰色系的颜色。这类地区的建筑外墙一般使用绿色、蓝色和灰色系的颜色。比如，图7-26（a）中的中国江南水乡，雨季较长，总是烟雨朦胧，建筑多以白墙青瓦为主的朴素色调，几乎没有什么鲜艳灿烂的颜色。

（a）中国江南水乡　　　　　　　　　（b）希腊圣托里尼

图7-26　区位条件带来的建筑色彩差异

气温不同的地区，建筑色彩也会有所区别。热带地区生物生长周期短，变化比较多，在这种环境下长期居住的人容易接受多变的色彩，如图7-26（b）中的圣托里尼建筑群中，运用各种鲜丽的色彩与海边环境呼应。一般来说，严寒地区的建筑色彩以暖色调为主，炎热地区以冷色调为主，建筑色彩在这里起到调节色彩心理温度的作用。如阿拉伯地区的建筑，多偏蓝绿色，给人安静清凉的感觉。

（2）文化因素

建筑色彩还包含着丰富的文化内涵。色彩的产生和发展本身反映出人的生命与意识发展的历史进程。一般认为，文化对建筑色彩的影响应该包括以下几方面内容：

① 在一个国家或民族内部由过去遗留下来的色彩；

② 建筑、服饰、节日庆典以及日常用具中常见的色彩；

③ 一个地区或民族特有的色彩。

可见，建筑色彩中历史因素主要取决于社会文化，它往往表现在建筑装饰、节日庆典、服饰、工艺品、日用品等方面。著名的色彩学家让·菲利普·朗科罗教授（Jean-Philippe Lenclos）提出了"色彩地理学"，研究最初是在法国领土内开始的，并集中在建筑景观上，随后进一步扩展到欧洲其他国家和其他大陆。朗科罗发现：不同的地理环境直接影响了种族、习俗、文化等方面的形成和发展，这些因素都直接导致了不同的色彩表现；每个国家、城市或乡村都有它们自己的色彩，而这些色彩在很大程度上汇聚成一种国家的文化特征。因此，色彩是一个丰富而生动的主体，它是一种象征，也是一种文化。

比如我国传统的建筑色彩（图7-27）等级要求到明代时已总结出一套完整的理论：

故宫的黄琉璃瓦

晋祠的青色琉璃瓦

民居小青瓦

图7-27　我国传统的建筑色彩

① 官殿屋顶的色彩以黄色琉璃瓦最为尊贵，为帝王特准的建筑（如孔庙）所专用；

② 官殿以下，如坛庙、王府、寺观，按等级分别用黄绿混合、绿色、绿灰混合；

③ 民居等级最低，只能用灰色陶瓦；

④ 主要建筑的殿身、墙身可用红色，次要的建筑的木结构可用绿色，民居、园林应杂用红、绿、棕、黑等色。

7.4 不同类型建筑的色彩设计

建筑的类型从不同角度有不同的划分方法。根据地域划分，有江南建筑、闽南建筑等；根据材料划分，有木质建筑、钢结构建筑、石材建筑等。本书中所指的类型建筑是指具有共同功能特征的同一类建筑，可以分为商业建筑、居住建筑、文化教育建筑、办公建筑、医院建筑、交通建筑、工业建筑等。每种类型建筑都有与其功能相适应的形式，建筑色彩也就为其特定的功能形式而表达。

不同的类型建筑根据各自的特征在色彩设计中各放光彩，但设计者在发挥其个性的同时，需要遵循以下一些基本原则。

（1）整体统一和谐原则

19世纪德国美学家谢林在《艺术哲学》一书中指出："个别的美是不存在的，唯有整体才是美的。"在建筑色彩规划与设计当中，其整体性主要通过城市中的建筑物、绿化、道路、铺装等构成要素间的相互联系与彼此作用反映出来。我们在开展建筑色彩设计时，不仅要结合建筑使用性质考虑到该建筑的宏观色彩基调的定位问题，而且还要在此基础上对建筑不同功能构成要素的色彩予以统一筹划，即规划好建筑的主体色与辅助色，以形成建筑与其所处环境和谐统一的色彩效果。

（2）以人为本的原则

随着城市化进程的加快，建立一个适合人们居住的环境成为21世纪人类发展的主要目标，也是建筑色彩研究的基本理论原则和目标之所在。适合人们居住的建筑环境不只包括了舒适的空间、简洁的流线，还要有宜人的视觉环境。在所有作用于视觉的信息中，色彩占有最大的比例，如果建筑的色彩过于杂乱无章、鲜艳刺激，就会引起人生理和心理方面的不适，造成"色彩污染"。针对这一点，国外许多城市都颁布了色彩管理的法规，以杜绝"色彩污染"的现象。

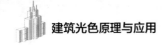

（3）与地方特色相符合的原则

在建筑设计中，色彩的设计应体现出浓厚的地域特征，展现城市的地方性。如北京故宫的"红墙黄瓦"和民宅的"青瓦灰墙"，形成鲜明的色彩对比，构成古老北京特有的色彩标志；青岛则以"红瓦、黄墙、绿树、碧海、白云、蓝天"享誉国内，构成了海滨味极浓的城市风貌。这些城市都普遍利用城市地域、地貌等自然色彩条件作为城市色彩规划的重要因素，也体现了城市背景色在城市色彩中的重要性。在各种类型建筑的基本色彩确定之后，还需要确定与之搭配的辅助色彩，在这个过程当中，我们应遵循对比调和等色彩规律，排除主观偏好或流行趋势的负面影响。

类型建筑色彩的研究是一门科学，同时也是一门艺术，它需要感性和理性很好地相结合。以上三条原则不要机械地理解，因为，在具体的设计实践中，各种类型建筑的色彩设计手法应是灵活多变的，这需要设计者综合考虑各种因素。以下针对不同的建筑类型对其色彩设计展开讨论。

7.4.1　商业建筑

商业建筑色彩极大限度地影响了消费者的心情与舒适度，色彩本身就是信息传递的一个媒介，商业建筑的色彩是理性与感性的结合，其美观程度极大程度上决定了消费者的购买欲望。对商业建筑色彩进行规划设计具有以下几点目的。

① 产品展示。色彩在商业活动中具有其独特的含义，不同的色彩给消费者带来不同的感受。例如黑色、白色与金属色的结合可以给消费者带来高科技感。我们可以看到现代的数码科技产品通常都会推出黑、白与金属色的产品，这是由于其无彩色所带来的质感给人的最直观的感受。

② 广告效果。商业建筑的色彩设计的目的就是刺激人的购买欲望，同时营造其品牌知名度。一个成功的色彩设计不仅仅可以表现产品的优秀、增加消费者的购买欲望，同时也可以因为其成功的色彩搭配而成为其特有的广告效应，通过其建筑色彩无形中起到宣传与推广的作用。

③ 功能展示。商家在进行建筑外观色彩设计的时候一定会参考的就是其建筑物的经营范围，如商场体现其奢华、书店体现其典雅、酒吧体现其另类等。这些外观的设计在吸引消费者的同时，本身就对自身的经营范围做出了良好的规划，而传统工艺的小店更是采用了特有的建筑材质，通过质感与色彩的结合来完美地诠释其企业内涵。

图7-28中的青岛华润万象城，建筑外部形体以丰富的体块对比为基础，使用砖红色材料、灰色石制材料、深蓝色玻璃幕墙三种有着鲜明色彩对比的建筑材料塑造出热烈、具有动感的建筑风格。在客流量较大的空间主要采用暖色调，如建

筑的入口位置以砖红色为主色调。客流量较小的建筑形体的边缘位置则选用冷色调的深蓝色玻璃。在内部空间的设计中也是按照同样的原理，在人们经常聚集的商业中庭空间采用砖红色地砖，渲染一种较为热烈的空间氛围。在休息区域则使用淡灰色的大理石，塑造较为优雅、平静的空间效果。

图7-28 青岛华润万象城建筑材料与色彩分析

7.4.2 居住建筑

居住场所是人们在工作之后放松身心的地方。根据居住建筑的功能特点，色彩应给人们的生活带来喜悦、轻松、舒适、愉快的心理感觉，并为环境注入生机。同时，色彩又是表达居住建筑性格、表现人文环境气氛的重要手段。气候炎热的南方，人们多在住宅配色中选用冷色调；而一些寒冷地区则喜欢使用暖色调。同时，住宅的使用性质是以居住为主还是以度假为主，均应在色彩设计方面做不同考虑。

居住建筑中的环境色往往占有较大的比重，如环境色是多色的，建筑物本身可选择无彩度的色，甚至白色，在突出自我个性的同时，还能起到平衡环境的作

图 7-29　万科第五园对于地域文化的演绎

用。徽派建筑中白色作为地域性的色彩，与周边的自然环境相辅相成。从而营造出与自然融为一体的村落。

现代城市的郊区住宅区，相对市区宅基地较大，住宅布置多是结合山体、园林、水面，空气清新，使用者多是度假性质，康乐设施齐全，住宅在自然环境中多是起点缀色作用，故尽可考虑其"目标物与背景"的统一关系，选用柔和的色调，如白色、原木色、近似色系列。深圳万科第五园中，通过对景观的精心设计将居住建筑完美地与景观融合在一起。

居住建筑可以说是与人们生活关系最为密切的建筑形式之一，其色彩设计应体现地域特色及文化属性，以强化居民的归属感。今天，千篇一律的城市面貌已引起了人们越来越大的反感，城市在面向未来的同时，也在不断地追寻着属于自己的历史符号。如图7-29的万科第五园，在居住建筑色彩设计中引入地方特色，可以丰富建筑色彩文化，塑造城市形象的个性魅力，增强人们对居住环境的心理认同感。

7.4.3　医院建筑

医院建筑色彩宜以浅色为主，局部可用少量对比色彩做重点装饰，不宜用浓重的色彩，可采用白、浅灰、淡绿等色彩，适当配以绿化作为陪衬，创造一个雅致、宁静的环境。医院建筑中色彩选择必须要研究色彩使病人产生的心理效应及生理效应。色彩的心理效应是通过生理效应产生的，也就是通过眼睛感知，再由大脑得到。人接收到色彩信息以后，产生对色彩的各种反应，对人的身心产生不同的影响，能左右人们的情绪和行为，这是色彩从生理到心理给人造成的作用。有关色彩心理效应的研究表明，光谱的"红、橙、黄、绿、青、蓝、紫"与人的色彩兴奋到消沉的刺激程度完全一致。在光谱中的黄、绿、青色称为生理平衡色，处于光谱中段的绿色被称为最典型的"生理平衡色"。研究表明，人类的大脑和眼睛需要生理平衡色，如果缺乏这类色就会变得不稳定，难以获得平衡和休息，这一事实也是视觉残留现象的根源所在。

在第二次世界大战后，美国的色彩专家率先将"色彩调节"技术应用在医院的手术室中，将白墙刷成绿色，不但能够稳定医生的情绪，还可消除医生久视血红色产生的视觉疲劳。这一改进大大提高了医生的工作效率并改善了患者的治疗心理。

了解了色彩的特性，如能正确地加以运用，就会有助于缓解疲劳、抑制烦躁、调节情绪、改善机体功能。美国色彩学家吉伯尔认为，色彩是一种复杂的艺术手段，可用于治病。温和欢愉的黄色能适度刺激神经系统，改善大脑功能，对肌肉、皮肤和神经系统疾患有疗效。因此，在现代医院设计中，浅色调的米黄色、乳黄色成为医院室内色彩常用的基调，而不是以前人们通常认为的白色。紫色可以松弛神经、缓解疼痛，对失眠和精神紊乱可起一定调节作用。紫色还能让孕妇安静，在产科病房中可以选用浅紫罗兰色调。平静的蓝色能舒缓肌肉的紧张、松弛神经，适于五官科病房选用。

7.4.4 教育建筑

学教育建筑的色彩设计应满足以下几点。

（1）符合学生审美心理及校园特征

教育建筑可分为幼儿园、中小学、大学、公共教育部门（如各类图书馆、博物馆）等。幼儿园建筑色彩设计应符合幼儿天真烂漫的特点，多采用鲜艳活泼的色彩，有助于儿童想象力的培养；小学建筑的色彩要欢快、松弛，给学生创造轻松自由的学习气氛，图7-30中同济大学附属实验小学的色彩设计，大量地使用亮色，创造出轻松、活泼的学习与活动氛围，如北京房山四中的中庭空间通过黄色与红色形成活泼的空间氛围，建筑外部环境的色彩配置也有利于青年人交流行为的发生；中学的色彩环境应体现青春朝气、积极向上的特点；而大学的色彩环境应相对庄重、平和。

（2）利于提高学习效率

教育建筑是学生学习的场所，所以其中各种环境元素都应有利于提高学习效率，这也包括建筑色彩。如教室及图书馆室内颜色可以采用浅冷色调，以利于学生精力集中。对于学习空间的家具，应做好其表面的光与色的处理，以避免产生眩光。而教室外的课间休息场所则可配以醒目的暖色调，以刺激学生的感官，使其能经过短时间的调整后以饱满的精神进入下一轮的学习。

图 7-30　同济大学附属实验小学色彩设计

（3）体现文化积淀及学术气氛

对于有一定历史的中学或高等院校，其建筑色彩宜体现出深厚的文化底蕴及浓郁的学术氛围。如清华大学，因水木清华而得名，其历史可追溯到公元1911年创办的清华学堂，清华有着其特有的红砖建筑文化，1919～1920年清华建设了"四大建筑"，皆为红砖建造。为了体现这一悠久的文化历史，校园建筑风格围绕红砖材料与地域性的表达展开规划，如清华大学南区食堂，对红砖材料运用的同时，用现代语言重新演绎了古朴、庄重的历史感（图7-31）。

图 7-31　清华大学南区食堂项目对于校园文化的呼应

7.5　景观色彩

景观色彩在建筑外环境色彩中占着很大的份额，根据自然和人工景观可以将其分为环境小品色彩和植被花卉色彩。两者相互结合，构成了丰富美观的景观环境。

（1）环境小品色彩

环境小品色彩既具有一定的传达信息的功能，也是创造丰富建筑外环境色彩的良好素材。虽然这些色彩小品不是城市色彩的主题色彩，但是它可以成为丰富城市色彩、活跃城市色彩氛围的积极因素。环境小品的色彩设计应追求功能和美观的统一。处理好城市环境小品的色彩设计，对城市色彩的细节刻画非常重要。环境小品的四大分类和在城市设计中起到的作用如下。

① 指示类小品。如城市内的标牌、指示牌、站牌等。这类小品色彩应简洁明快，使人易于识别。由于指示类小品作为信息传播的媒介，在环境中分布广泛，要充分考虑其对环境的影响，既要色彩鲜明、形象生动，又要与环境的整体气氛相协调。值得注意的是，交通指示系统的各类指示牌具有特殊性，并有一定的规范可循，不得任意设计警告指示牌。一般生活小区的指示类标牌则可灵活运用。

② 广告类小品。如户外灯箱、招贴广告、店面招牌等，此类小品的配色既要注重广告的视觉冲击力，又不能破坏周边色彩环境。目前国内很多城市在广告配色上尚无明确规划，从而导致了城市广告色彩的视觉污染，随着人们审美水平的不断提高，城市广告配色与城市规划相结合将是发展趋势。

③ 功能类小品。如座椅、灯柱、垃圾箱、电话亭等。这些小品的配色原则应该遵循其不同的功能与特点：灯柱、垃圾箱由于其排列的连续性，我们不宜采用过艳的颜色，否则这种连续的高纯度色将有可能过分醒目而破坏环境色彩的整体性；休闲类的功能小品配色则应符合人的近尺度观察的要求，色彩及质感均须使人感到细腻与舒适。图7-32中，西班牙的城市社区野餐桌设计，通过对色彩的处理，使得装置与周边环境相融合。艳丽而又不对周边环境造成影响的色彩，对于社区内活动行为的激发有着重要的作用。

④ 艺术类小品。这里所说的艺术类小品是指出于纯装饰和美化的目的，运用物质材料在建筑外环境中建造的小品等，这些小品具有提高城市艺术品位的功能，同时也是创造城市丰富色彩的良好载体。艺术类小品若能经过精心设计和慎重处理，将与建筑、绿化等元素共同形成优美的景观。艺术类小品的颜色要结合不同环境表现自身色彩，如青岛市五四广场的红色抽象雕塑（图7-33），其强烈的色彩在深灰色的玻璃幕墙背景中脱颖而出，成为视觉的焦点，并对场所产生了强大的控制力。

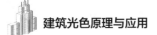

图7-32　西班牙的城市社区野餐桌设计

图7-33　青岛市五四广场

（2）植被色彩

作为城市重要自然要素之一的绿化，一向是城市色彩中不可或缺的组成部分。在人们越来越重视城市生态问题的时代，绿化被视为衡量城市环境质量高低的重要标志。

在具体设计过程中，植物的丰富色彩可表现出各种不同的艺术效果，营造缤纷的色彩景观，并且可以随着季节的变化而产生动态的色彩效果，不同植物的各个季相可以产生流动的色彩旋律，表现独特的季相美。在设计操作过程中需要遵循以下原则。

① 系统性原则。系统性也可以称为整体性。景观色彩，虽然有其不同的分区特点，但归根结底，仍从属于该整体的系统。在这个系统内，每一个景观色彩的细部元素都必须服从于整体性。在景观色彩设计时，也要先从系统性出发，构思出景观色彩发展方向和控制方案，再在各自的分区根据区域特点进行色彩下一个层级的设计。失去了系统性的控制，景观色彩必然会出现杂乱或呆板。如图7-34中，通过对不同叶子色彩的植物进行合理的组织，形成优美的景观效果。

图7-34 大连理工大学开发区校区景观图

② 协调性原则。一个丰富稳定的景观色彩体系，其本身色彩一定是具有多样性的。自然色、半自然色、人工色等，为人眼带来了丰富的色彩层次感。色相、明度、彩度、冷暖、材质、光影、透过性等的不同以及组合搭配方式的不同，导致了景观色彩的丰富性和多样性，而这种多样性，也是维持人们视觉平衡的基础。

同时，景观色彩的区域性设计中，多样性也是最重要的设计原则。不同区域的特点决定了不同区域的色彩多样性。如果按照相同的设计模式来进行景观色彩的选择搭配，则必然会导致区域性的丧失，让城市内部各个区域都一个样。

③ 目的性原则。景观色彩设计的目的性主要包括安全性、识别性两个方面。因此，目的性也可表达为功能性。首先是景观色彩的安全性。安全性是色彩设计最基本的一项属性，也是设计的基础。当人们以艺术的眼光来评判城市景观色彩时，更需要从心理、生理的角度来评判。当美观性和安全性相冲突时，必然需要牺牲美观性来保证安全性。

识别性主要体现在一些特殊景观节点的色彩设计上。这些节点往往具有一定的功能性，例如导览、标识等。可识别性要求在色彩上具有一定的突出性，有一些特殊功能者还需要一些色彩的专有特殊性。这种可识别性，也在心理上为观者提供了一种对于潜在功能的暗示。如图7-35所示，大连理工大学东门体育场的绿化地带，黄、红、绿三种颜色的植物交织成一幅具有动感的图案。通过多种色彩的树木和低矮的小灌木与灰褐色的景观石的组合，形成丰富的景观节点，以景观节点的色彩的丰富对比形成具有动感的空间氛围。从而对体育场的出入口功能进行暗示。

图7-35　大连理工大学东门体育场色彩丰富的景观节点

④ 秩序性原则。景观色彩设计的秩序性，需要在进行色彩相关设计时，遵循一定的色彩心理、审美和生理的搭配原则，还要对色彩的位置、色彩、光效、大小等进行严格的控制。当色彩失控时，表现出来的必然是焦躁、杂乱的视觉感受，对市民身心造成不良影响。因此，秩序性也体现为变化性中的统一性。

这里，再次提到一个有可能影响景观色彩秩序性的色彩元素——艳度。毫无疑问，越鲜艳的色彩越容易吸引人的注意力，因此，在景观色彩使用中，我们都会选择将需要被注意的部分使用高艳度，需要被忽略的部分使用低艳度。所以，在设计中，必须时刻注意对景观色彩艳度的控制。控制不当就会直接导致景观色彩的秩序性和层次性被打破。如图7-36的北京梵悦万国府公寓景观设计，在非重点位置大量地使用低饱和度的景观植物，在重要的景观节点位置使用色彩较为浓重的景观构筑物与景观植株来凸显景观节点的重点。

图7-36 北京梵悦万国府公寓景观

⑤ 地方性原则。景观色彩的地方性指的是每一个城市都具有其独特的景观色彩特质。而城市的景观特质，指的是该区域所独有的自然景观和人文景观两个方面。

一个城市特定的自然景观指的是该城市特有的自然地理面貌特征，例如天空、水系、山脉、植被、动物等。这些因素都会对城市景观的色彩形成一定的影响，或者说，是城市景观色彩形成的基础和背景色。不同的自然景观特质，会使得不同城市的景观色彩从初始阶段便有所区别。在很多城市，其城市色彩最初便是由于地区材质不同而独具特色的。比如广西桂林的黑白根石材改变了其城市步行道的色彩；台北的一些街道地面，因为材质中石英含量高而在夜晚灯光下闪闪发光；马来西亚的荷兰红屋取材于当地的铁红矿石。

一个城市独有的人文景观是指由于各地气候、风俗、历史等各不相同，导致了各地建筑形式、人文审美等也有所不同。因此，在景观色彩设计时，必须要尊重区域特色，并在色彩使用时，充分调研当地色彩及审美，尽最大可能保留景观色彩的地区特性。

城市景观色彩的地方性，决定了绝对不会有两座城市在景观色彩上可以完全相同，也因此使得各地都可以拥有丰富多彩的景观。

⑥ 生态性原则。随着人类社会的高速发展，人类也在不停地加快征服自然的脚步。自然的色彩也在这个过程中悄悄地变化着。事实上，人类的活动已经破坏了大量的自然景观色彩，因而，城市景观的"背景色"已经有所不同，景观色彩已经受到了一定的影响。显然大家已经认识到了这样的问题，因此在当今景观设计的发展中，越来越重视景观的生态性和可持续性。这一点在景观色彩的设计中也同样至关重要。所以我们在色彩设计中，必须注重色彩使用的"生态性"。真正好的景观色彩，一定是与自然相和谐的色彩。

景观色彩也属于视觉艺术的一个范畴。因此，景观色彩的组合在很大程度上要重视对于视觉需求和心理需求的满足。视觉需求是一个变化中的因素，但也有其相对稳定性。我们对于景观色彩的设计，应该同时满足视觉需求中的"求变"和"求稳"。

在"求变"方面，要求景观色彩的使用要顺应时代需求，这种时代性和变化性虽不像服装中的流行色彩那样更替迅速，但还是应该顺应现代审美的趋势。如果景观色彩在不同时期都运用同类的色彩及同类的色彩组合方式，则会产生审美疲劳和腻烦感。因此，在古代，对于景观色彩的审美偏向"中庸"的低明度中性色，而就现代审美而言，明度高、纯度低的色彩在景观色彩中较受欢迎。

"求稳"则表现在一定的时期内，相同的文化、风俗、大众审美、知识背景等条件下，市民的色彩观念相对稳定，对于同一类型的色彩搭配审美也会出于"习惯"而喜爱。这种审美也许没有新鲜感，但从内心出发却对此有认同感。故而可以产生愉快的观景感受。这种稳定感，使得人们在长时间内都会对同一种色彩审美表示认同。以中国古典园林为例，对于高雅、宁静、祥和的色彩追求，古往今来一直未变。这就是由对于传统审美的内心认同感所决定的。所以我们必须在设计中同时兼顾"稳"和"变"，在整体统一的基础上，局部求新求变，创造具有创新意义的景观色。

参考文献

著作：

[1] Livingston J. Designing with light : the art，science and practice of architectural lighting design[M]. WILEY，2014.

[2] 于鹏，李建华. 室内照明设计[M]. 北京：中国建材工业出版社，2010.

[3] 李文华. 室内照明设计[M]. 第2版. 北京：中国水利水电出版社，2012.

[4] 姜晓樱，侯宁. 光与空间设计[M]. 北京：中国电力出版社，2009.

[5] 田鲁. 光环境设计[M]. 第2版. 长沙：湖南大学出版社，2010.

[6] 李农. 景观照明设计与实例详解[M]. 北京：人民邮电出版社，2011.

[7] 梅尔文. 建筑空间中的色彩与交流[M]. 第4版. 北京：中国建筑工业出版社，2009.

[8] 哈罗德·林顿. 建筑色彩：建筑、室内和城市空间的设计[M]. 谢洁，张根林译. 北京：中国水利水电出版社，2005.

[9] 尹思谨. 城市色彩景观规划设计[M]. 南京：东南大学出版社. 2005.

[10] 洛伊丝·斯文诺芙. 城市色彩——一个国际化视角[M]. 屠苏南，黄勇忠译. 北京：中国水利水电出版社，2007.

[11] 阿恩海姆. 艺术与视知觉[M]. 滕守尧，朱疆源译. 成都：四川人民出版社，1998.

[12] 日本建筑学会. 光和色的环境设计[M]. 刘南山，李铁男译. 北京：机械工业出版社，2006.

[13] 建筑色·材趋势研究组. 中国建筑色·材趋势报告[M]. 北京：中国建筑工业出版社，2017.

[14] 日本建筑学会. 设计师谈建筑色彩设计[M]. 张军伟，兰煜译. 北京：电子工业出版社，2009.

[15] 吴松涛. 城市色彩规划原理[M]. 北京：中国建筑工业出版社，2010.

[16] 李进. 建筑空间色彩设计与实践[M]. 北京：中国建筑工业出版社，2017.

[17] 于国瑞. 色彩构成（修订版）[M]. 第4版. 北京：清华大学出版社，2012.

[18] 程杰铭. 色彩原理与应用[M]. 北京：文化发展出版社，2014.

[19] 陈飞虎. 建筑色彩学[M]. 第2版. 北京：中国建筑工业出版社，2014.

[20] 本社. GB50033—2013 建筑采光设计标准[M]. 中国建筑工业出版社，2013.

[21] 塞奇·罗塞尔. 建筑照明设计[M]. 宋佳音译. 天津：天津大学出版社，2015.

[22] 李丽，王传杰. 建筑环境色彩规划设计[M]. 北京：机械工业出版社，2016.

[23] 芦原信义. 东京的美学[M]. 刘彤彤译. 武汉：华中科技大学出版社，2018.

[24] 柳孝图. 建筑物理[M]. 第2版. 北京：中国建筑工业出版社，2000.

[25] 刘加平. 建筑物理[M]. 第3版. 北京：中国建筑工业出版社，2000.

[26] 张金红，李广. 光环境设计[M]. 北京：北京理工大学出版社，2009.

论文：

[1]　林燕丹，邱婧婧，刘弈宏.不舒适眩光研究的国内外现状及进展[J].照明工程学报，2016，27（2）：7-13.

[2]　杨洪武，刘鸣，李建平.关于"光成本"——一种电光源产品价值的综合评价指标[J].照明工程学报，2013，24（5）：22-27.

[3]　包悦鹏，刘娟.基于新地域主义的城市建筑色彩规划方法探析——以潍坊市高新区建筑色彩规划为例[J].建筑与文化，2018（05）：150-152.

[4]　余雅婷.论建筑形态中色彩的视觉语言设计[J].美术大观，2017（12）：106-107.

[5]　陈晓丹，郭晓君.影响建筑色彩设计的因素分析[J].工程建设与设计，2016（13）：53-54.

[6]　解琨.色彩在建筑设计及环境中的应用[J].大舞台，2015（09）：60-61.

[7]　刘珊珊.医疗建筑的自然光环境设计[J].中国医院建筑与装备，2013，14（05）：42-44.

[8]　刘波.论色彩与建筑空间关系[J].科协论坛（下半月），2011（08）：107-108.

[9]　顾贤光，张一兵.影响和制约城市色彩形成的因素[J].山西建筑，2006（22）：16-17.

[10]　罗涛等.天然光光环境模拟软件的对比研究[J].建筑科学，2011，27（10）：1-6.

[11]　高磊.居住区光环境设计研究——以西安地区为例[D].2007.

[12]　杨锋.住宅空间光环境人性化设计研究[D].沈阳：沈阳建筑大学，2012.

[13]　孙韬.住宅室内照明设计发展方向研究[J].科技传播，2012，4（20）：124+140.

[14]　严谧莞.办公空间的光环境设计与应用[D].苏州：苏州大学，2012.

[15]　林怡，等.办公空间光环境设计趋势——人员需求的平衡与技术迭代的探索[J].照明工程学报，2018，29（3）：1-5.

[16]　王雪莲.绿色图书馆光环境设计[J].中国现代教育装备，2014，（11）：96-98，102.

[17]　周逸坤.博物馆建筑光环境设计初探[D].南京：东南大学，2015.

[18]　吴佳玲，李彤彤.酒店建筑大堂空间的光环境设计研究[J].四川水泥，2017（5）：114.

[19]　曹雅童，张浩.论商务酒店客房卧室空间的人工照明[J].文艺生活·文海艺苑，2016，（8）：189.

[20]　汪灵.城市建筑色彩的调查与思考[D].武汉：华中科技大学，2005.

[21]　吴茜.基于孟塞尔系统的北京历史街区色彩特征研究——以什刹海历史文化保护区为例[D].合肥：合肥工业大学，2014.

[22]　李媛.建筑色彩数据库的应用研究[D].天津：天津大学，2007.

[23]　刘丽.基于结构特征和人眼视觉特征结合的图像质量评价方法[D].西安：西安理工大学，2007.